자산어보

역자의 말

해방 二년 전의 어느 날이었다。 필자가 인천수산시험장 장이었을 때、일본은행 총재인 시부자와(澁澤)씨가 내한(來韓)하였다。 식산국장 호즈미씨를 통하여 면담을 요청해 왔기에 조선호텔에서 만났다。 호즈미씨도 동석했다。 면담은 한 시간 이상 계속되었다。 당시 시부자와씨는 일본재계(日本財界)의 지도자인 동시에 일본 물고기 방언 연구가로서 이름이 높았다。 〈일본어명집람〉(日本魚名集覽)이라는 책을 출판하려고 문헌조사 중에 필자가 조사보고한 〈조선어명보〉(朝鮮魚名譜)를 읽으면서 나의 연구내용을 알게 되었다고 한다。 필자가 조사하고 있는 한국고수산문헌(韓國古水產文獻)의 조사진도와 그 출판계획에 관하여 문의해 왔는데、 씨는 나의 수산고문헌 연구에 대해 우리나라 누구보다도 잘 알고 있었다。 나의 이 방면 조사연구와 출판이 속히 이루어지도록 합작하자고 하기에 쾌락했다。 직답을 들은 시부자와씨는 우선 우리 서로가 만난 기념으로 〈자산어보〉(玆山魚譜)를 일본문으로 번역 출판하기로 합의를 보았다。 담화가 끝날 무렵에 호즈미씨를 보고 조선총독부에서는 이런 문화사업을 도와 주지 않고 무엇을 하고 있느냐고 나무라는 어조로 일침을 준 후 우리들의 담화는 끝났다。 그 후 나는 이제까지 수집·등사해 놓은 〈자산어보〉 네 권의 내용의 조사·정리에 착수했다。 네 권이 전부 소장자가 다른 별개의 사본이다。 따라서 이 책에 없는 대목이 저 책에는 기록돼 있는가 하면 저 책에 없는 대목이 이 책에 기록돼 있는 등 완전한 사본이 없었다。 이를 정리해 가지고 새로운 원본 두 책을 작성했다。 이 새 원본을 일본문으로 번역한 후、 새 원본 한 질을 일본 동경에 거주하는 시부자와씨에게 부쳤다。 그후 동경에 폭격이 계속되어 피차간의 소식이 끊어지고 말았다。 해방 후 六년에 동경에서 시부자와씨를 만났다。 부인과 같이 반가이 맞이하면서、 서재에서 새 원본인 〈자산어보〉를 찾아내어 나에게 보이면서 이렇게 무사히 보관되어 다행이라는 미소를 짓고 있었다。 일본문 번역도 해방직전에 다 되어 있다고 보고했다。 시국이 정돈되면 출판할 것을 이야기한 후 작별했다。 그 후 시부자와씨는 세상을 떠났다。 이런 일이 있은 후 나는 〈자산어보〉를 보면 시부자와씨에게 미안한 생각이 떠오르곤 했다。 이런 사정을 금년 二월 一일부터 조선일보에 연재된 〈신박물기〉(新博物記)에 소개했다。 그 이튿날 지식산업사 김경희(金京熙)씨가 내방하여 〈자산어보〉를 번역하여 출판하자고 제의해 왔기에 쾌락했다。 따라서 이 〈자산어보〉의 출판은 시부자와씨를 비롯하여 지식산업사 김경희씨와 〈신박물기〉를 쓰게 한 조선일보사 조사부장 이흥우(李興雨)씨 등 여러분의 아이디어가 합친 덕택의 결실이라 할 수 있다。 우연의 일치이다。 이 〈자산어보〉는 정약전(丁若銓) 선생이 흑산도에서 적지(謫地) 생활 一六년 동안에 조사연구하여 만든 책으로 수산고문헌 중에서 대표적인 책이다。 이 책에는 어류(魚類)를 비롯하여 해조류(海藻類)·패류(貝類)·게 새우류(蟹蝦類)·복족류(腹足類) 및 기타 수산동물들의 방언과 형태를 기록하는 동시에 각종

동식물의 약성(藥性)까지 언급돼 있다。 그리고 이 어보를 작성하는 데 있어、중국 각종 고박물지(古博物志) 등 문헌을 널리 인용해 있다。 금후 생물학도들의 좋은 참고서가 될 것이다。 그러나 도면이 없고 형태의 기록이 간단하여 그 정체를 구명하기 어려운 생물이 많다。 금후 각부 전문학도들이 방언에 따른 어류 등의 실물을 채집하여 분류해 나가면 곧 정체가 밝혀질 것이다。 끝으로 이 초역은 박정온씨가 수고해 주시었다。

一九七四年 三月 三日

譯 者 識

머리말

자산(玆山)은 흑산(黑山)이다。 나는 흑산에 유배되어 있어서 흑산이란 이름이 무서웠다。 집안 사람들의 편지에는 〔흑산을〕 번번이 자산이라 쓰고 있었다。 자(玆)는 흑(黑)자와 같다。

자산의 해중어족(海中魚族)은 매우 풍부하지만, 그러나 그 이름이 알려진 것은 적다。 마땅히 박물학자(博物學者)들은 살펴보아야 할 곳이다。 나는 섬 사람들을 널리 만나보았다。 그 목적은 어보(魚譜)를 만들고 싶어서였다。 그러나 사람마다 그 말이 다르므로 어느 말을 믿어야 할지 알 수 없었다。 섬 안에 장덕순(張德順)、 즉 창대(昌大)라는 사람이 있었다。 두문불출(杜門不出)하고 손을 거절하면서까지 열심히 고서(古書)를 탐독하고 있었다。 다만 집안이 가난하여 책이 많지 못하였으므로 손에서 책을 놓은 적이 없었건만 보고 듣는 것은 넓지가 못했다。 허나 성격이 조용하고 정밀하여, 대체로 초목과 어조(草鳥) 가운데 들리는 것과 보이는 것을 모두 세밀하게 관찰하고 깊이 생각하여 그 성질을 이해하고 있었다。 그러므로 그의 말은 믿을 만했다。 나는 드디어 이 분을 맞아 함께 묵으면서 물고기의 연구를 계속 했다。 이리하여 조사 연구한 자료를 차

례로 엮었다. 이것을 이름지어 〈자산어보〉(玆山魚譜)라고 불렀다. 그 부수적인 것으로는 바다 물새(海禽)와 해채(海菜)에까지 확장시켜, 이것이 훗날 사람들의 참고자료가 되게 하였다.

돌이켜보건대 본인이 고루하여 이미 〈본초〉(本草)를 보았으나 그 이름을 듣지 못하였거나, 혹은 옛날에 그 이름이 없어 생각해 낼 수 없는 것이 태반이다. 단지 속칭(俗稱)에 따라 적었으나 수수께끼 같아서 해석하기 곤란한 것은 감히 그 이름을 지어냈다. 후세의 선비가 이를 수윤(修潤)하게 되면 이 책은 치병(治病)·이용(利用)·이치(理致)를 따지는 집안에 있어서는 말할나위도 없이 물음에 답하는 자료가 되리라. 그리고 또한 시인(詩人)들도 이 들에 의해서 이제까지 미치지 못한 점을 알고 부르게 되는 등 널리 활용되기를 바랄 뿐이다.

嘉慶 甲戌 洌水　丁　銓 書

玆山魚譜 目次

무인류(無鱗類)

개 류(介類)

잡　류(雜類)

鱗類

석 수 어 (石首魚) 크고 작은 여러 종류가 있음

애우치(大鮸)

큰 놈은 길이가 열 자(尺) 남짓, 통(腰·腒)은 두 뼘 정도이며, 모양은 민어(鮸)를 닮았고, 빛깔은 황흑색(黃黑色)이다。 맛도 민어와 비슷하나 더 진하다。 음력 三~四월 경에 물 위에 뜬다。〔대체로 물고기는 물에 떴다가 가라앉는 능력이 없는 놈이 많다。 그것은 봄 여름 동안에는 물고기의 부레 안에 든 공기가 넘쳐 신축이 불가능하게 된 까닭이다。〕 이럴 때에는 어부들은 맨손으로도 물고기를 잡는다。

음력 六~七월 경에 상어를 잡는 사람들은 낚시를 물 밑바닥에 내려놓는다。 상어가 이것을 삼키고 쓰러지면〔상어는 매우 힘이 강하므로 낚시에 물릴 때엔 꼬리를 흔들며 낚시줄을 몸에 감고 힘을 주어 줄을 끊기도 한다。 그러므로 그 힘에 반드시 나자빠지게 된다。〕 애우치는 낚시를 물고 나자빠진 상어를 잡아먹는다。

상어의 등 지느러미 가시(鰭骨: 상어의 등지느러미에는 송곳같은 가시뼈가 있다)는 애우치의 장을 거꾸로 찔러 낚시 바늘과 같은 역할을 한다。 민어는 이를 빼낼 수가 없게 된다。 그래서 낚싯대를 위로 쳐들면 따라올라오게 된다。 어부의 힘으로도 제어하지 못한다。 그래서 밧줄로 그물을 만들어 꺼내기도 하고, 혹은 손을 그 입에 넣고 그 귀세미를 잡아 끌어올리기도 한다。〔귀세미

〈闇題〉란 물고기의 목 언저리에 붙은 빳빳한 털이다。 양편에 각각 털이 많이 붙어 있어 참빗과 같다。 속칭 구세미(句繖)라고도 한다。 일반적으로 물고기의 코의 기능은 단지 냄새만 맡는 데 있다。 물을 마시고 내뿜는 역할은 귀세미가 맡는다。 석수어(石首魚)의 작은 놈은 이가 단단하다。 중간치쯤 되는 놈은 이가 있어도 단단하지 않다。 애우치는 이가 작고 껍질이 상어의 껍질과 같다。 그러므로 손을 넣어도 찔리지 않는다。〕

간(肝)에는 진한 독이 있어、 이것을 먹으면 어지럽고 옴이 생기는데 상처가 곧잘 아문다。〔대체로 큰 물고기의 쓸개는 모두 상처를 아물게 한다。 그 쓸개는 흉통·복통에 효험이 있다고 한다。

살피건대、 석수어에는 크고 작은 여러 종류가 있는데、 모두 뇌(腦) 속에 돌이 두 개씩 들어 있다。 뱃속의 부레〔白鰾〕는 아교(阿膠)를 만든다。〈정자통〉(正字通)①에 말하기를、 석수어는 일명 민어라 하여 동남해에 서식하며 모양은 강준치(白魚)②와 같은데、 몸이 납작하고 가시가 약하며 비늘이 잘다고 기록되어 있다。〈영표록〉(嶺表錄)③에서는 이것을 석두어(石頭魚)라고 했으며、〈석지〉(淅志)④에서는 이것을 강어(江魚)라 불렀고、 또 〈임해지〉(臨海志)⑤에서는 이것을 황화어(黃花魚)라고 했다。 그러나 지금까지 이 애우치의 모양은 여러 전적(典籍)에서 아직 밝히지 못하고 있다。

註 一 〈正字通〉은 一二권으로 되었으며、 明의 張白烈이 撰하고、 康熙九年 南康의 白鹿洞에서 처음으로 版行됨。

二 中國에서는 강준치를 白魚라 부르고、 우리나라에서는 뱅어를 白魚라 부른다。

三 〈嶺表錄〉은 三권으로 되었고、 唐 劉恂이 撰한 것이다。 지금은 그 전모를 알 수 없으나 〈永樂大典〉에 그 중 일부분이 수록되어 있어서、 이 책이 내용이 풍부하고 문장이 高雅할 뿐 아니라 草木

鱻魚에 대하여 상세히 기록되었다는 것을 알게 되었다.

四·五 〈浙志〉와 〈臨海志〉는 모두 〈正字通〉·〈續表錄〉과 같이 中國 古文獻이다.

민어(鮸魚)

큰 놈은 길이가 四~五척(여기에서 척이란 주척[周尺]을 말한다. 다음에 나오는 것도 모두 이와 같다)에 달한다. 몸은 약간 둥글고 빛깔은 황백색이며 등은 청흑색이다. 비늘과 입이 크고 맛은 담담하면서도 달아서 날것으로 먹으나 익혀 먹으나 다 좋고, 말린 것은 더욱 몸에 좋다. 부레는 아교를 만든다. 흑산 바다에는 희귀하나 간혹 물 위에 뜬 것을 잡곤 한다. 더러는 낚시로도 잡을 때가 있다. 나주(羅州)① 여러 섬북쪽에서는 음력 五~六월에 그물로 잡고 六~七월에는 낚시로 낚아올린다. 그 어란포(魚卵胞)의 한 짝의 길이는 수척에 달한다. 알젓도 모두 일품이다. 민어새끼들은 흔히 암치어(巖峙魚)라고 부른다. 이외에도 다른 한 종류가 있는데, 속칭 부세어(富世魚)라고 부른다. 그 길이는 두 자 정도이다.

생각컨대 면(鮸)은 소리값(音價)이 동음(東音)으로서 면(免), 민(民)과 서로 가깝다. 그러므로 민어(民魚)는 곧 면어(鮸魚)이다. 〈설문〉(說文)에는 「면」은, 조선 어명(魚名)으로 예사국(濊邪國)에서 난다고 기록되어 있다. 예(濊)는 현재 우리나라 영동(嶺東)을 가리키나, 이곳에서 면이 났다는 말은 아직 듣지 못했다. 서남 바다에 이들 물고기가 있을 뿐이다. 〈본초강목〉(本草綱目)에는 석수어(石首魚)를 말린 것을 상어(鯗魚)라고 했다. 능히 사람의 건강을 잘 보양하기 때문에 양(養)자에 따라서 상(鯗)자가 생겼다. 나원(羅願)③이 말하기를, 어느 물고기나 말린 것은 모두 어포(鯆)라 하는데, 그 맛이 석수어로 만든 굴비에 미치지 못한다고 했다. 그러므로 홀로 독자적인 명칭을 얻어, 하얀 것이 맛 좋다고 해서 백상(白鯆)이라고 부른다. 어쩌다 바람에 맞으면 붉은색으로 변하여 뛰어난 맛을 잃는다. 우리나라에서도 역시 민어(民魚=鮸)로 좋은 어포를 만들고 있다.

또 살피건대, 〈동의보감〉(東醫寶鑑)④에서는 회어(鮰魚)를 민어라 했으나 회(鮰)는 곧 외(鮠)이며 강호(江湖)에서 잡히는데 비늘이 없다. 〈진장기〉(陳藏器)에는 외(鮠)를 면(鮸)이라고 잘못 전하고 있는데, 명나라 사람 이시진(李時珍)⑤은 회와 면을 혼동하지 말라고 지적하고 있다.

㊟ 一 여기에서 羅州 諸島란 지금의 全羅南道 木浦 부근 新安郡 여러 섬을 가리킨다.

二 嶺東은 江原道를 말함.

三 羅願은 南宋 孝宗時代의 사람. 〈爾雅翼〉 二〇권을 저술함.

四 〈東醫寶鑑〉은 二五권으로 許浚이 撰하였다. 宣朝 二九년 王命을 받고, 中國·朝鮮의 醫書를 모아 정리하여, 光海君 三년에 완성, 同 五년에 印行했다. 朝鮮에서 첫째로 꼽는 醫書이다.

五 李時珍은 明나라 사람으로 字는 東璧, 蘇州에서 태어나 醫書를 즐겨 읽었다. 醫書의 혼란을 걱정하여, 각고 三〇년 끝에 〈本草綱目〉을 편찬하고, 이를 조정에 바치려다 갑자기 세상을 떠났다. 그 후 神宗이 그 아들 建言에게 命하여 부친의 遺表 및 그 책을 진상케 하여 천하에 퍼지게 했다.

조기(踏水魚)①

큰 놈은 한 자 남짓된다. 모양은 민어를 닮았고 몸은 작으며, 맛 또한 민어를 닮아 아주 담담하다。 쓰임새도 민어와 같다。 알은 젓을 담는 데 좋다。

흥양(興陽)② 바깥 섬에서는 춘분③ 후에 그물로 잡고、 칠산(七山) 바다④에서는 한식 후에 그물로 잡으며、 해주(海州) 앞바다에서는 소만(小滿) 후에 그물로 잡는다。 흑산 바다에서는 음력 六~七월에 비로소 밤 낚시에 물리어 올라온다。〔물이 맑기 때문에 낮에는 낚시밥을 물지 않는다。〕 이때의 조기 맛은 산란(産卵) 후인지라 봄보다는 못하며、 굴비로 만들어도 오래 가지 못한다。 가을이 되면 조금 나아진다。

조금 큰 놈(俗稱 보구치)은 몸이 크나 머리가 짧고 작으며 구부러져 있다。 그러므로 후두부가 높다。 맛은 비린내가 나 포를 만드는 데 쓰일 수 있을 뿐이다。 칠산 바다에서 나는 보구치(흰조기)는 그 맛이 조금 나으나 그것 역시 좋지 않다。

조금 작은 놈은(속칭 반애〔盤厓〕라고도 한다) 머리가 약간 날카롭고 엷은 흰빛이다。 가장 작은 놈은(속칭、 황석어〔黃石魚〕라고도 한다) 길이가 四~五치 정도로 꼬리가 매우 날카롭고、 맛이 아주 좋으며 때로는 어망 속에 들어온다。 살피건대 〈임해이물지〉(臨海異物志)⑤에서는 석수어의 작은 놈을 추수(踏水)라 부르고 그 다음 것을 춘래(春來)라 불렀다。 전구성(田九成)의 〈유람지〉(遊覽志)에는 「해마다 (음력) 四월에 해양에서 연해에 나타나는데、 이때가 되면 물고기 떼가 수리(數里)를 줄지어、 바닷사람들은 그물을 내려 조류(潮流)를 막고 잡는다」라고 기록했다。 첫물(初水)⑥에 오는 놈은 아주 좋고、 두물(二水)、 세물(三水)에 오는 놈은 크기가 차츰 작아지고 맛도 점차로 떨어진다(〈本草綱目〉에 나온다)。 이 물고기는 때에 따라서는 물길을 따라 온다。 그러므로 추수(踏水)라고 한 것이다。

요즘 사람들은 이것을 그물로 잡는다。 만일 물고기 떼를 만날 적이면 산더미처럼 잡을 수 있으나 그 전부를 배에 실을 수는 없다。 해주(海州)와 흥양(興陽)에서 그물로 잡는 시기가 각각 다른 것은 때에 따라 물을 따라서 조기(踏水)가 오기 때문이다。

또 〈박아〉(博雅)⑦에는 석수어를 종(䱁)⑧이라고 했고 〈강부〉(江賦)의 주(註)에는 종어의 별명을 석수어라고 쓰고 있는데、〈정자통〉(正字通)에서는 석수어가 종이 아니라는 것을 분명히 밝히고있다。〈본초강목〉(本草綱目)⑨에서도 별도로 기재하여 두 가지로 나누고 있다。 살펴 알아둘 만한 일이다。

註 一 이 책에서는 踏水와 踏魚를 조기로 보고 있으나 黃石魚(황강다리)가 옳다。 黃石魚는 조기 仔魚와 비슷하나 머리 부분이 크다。

二 興陽은 全羅南道 高興郡의 한 지방。

三 春分은 二四節候의 하나。 驚蟄의 다음에 오는 절후로서 낮과 밤의 길이가 같은 때이며 대개 三월二一일 무렵이다。 참고로 二四節候를 순서에 따라 다음에 설명해 둔다。

一、 立春：大寒의 다음 절후、 양력 二월三일 (四~五일)。

二、 雨水：立春 다음의 절후、 양력 二월 一八일에 해당한다(一九일이나 二〇일)。

三、 驚蟄：多眠하는 벌레들이 움직이기 시작한다는 뜻、 三월 五일 무렵。

四、 春分：前揭。

五、 淸明：春分 다음의 절후、 四월 五~六일 무렵。

六、 穀雨：淸明 다음의 절후、 四월 二〇~二一일 무렵。 百穀을 자라게 하는 뜻。

七、立夏：穀雨의 다음 절후로 五월 六~七일 무렵。

八、小滿：立夏 무렵。

九、芒種：小滿後 一五일、六월 五~七일 무렵。보리를 베고 모를 심기에 적당한 때。

一〇、夏至：多至의 반대로 해가 가장 긴 날。六월 二〇~二一일 무렵。

一一、小暑：夏至의 다음 계절、七월 七일 무렵。사마귀가 나온다。

一二、大暑：七월 二三일 무렵부터 二四일 무렵까지。

一三、立秋：八월 七~八일 무렵。

一四、處暑：八월 二三~二四일 무렵。

一五、白露：九월 八~九일 무렵。

一六、秋分：九월 二三일이나 二四일、낮과 밤의 길이가 같음。

一七、寒露：一〇월 八일이나 九일 무렵。

一八、霜降：一〇월 二二~二三일 무렵。

一九、立多：一一월 七일 무렵。

二〇、小雪：一一월 二二~二三일 무렵、이때의 태양의 黃經은 二四〇도가 됨。

二一、大雪：一二월 七~八일 무렵。

二二、多至：夏至의 반대로 밤이 가장 길고 낮이 짧다。一二월 二二일이나 二三일 무렵。

二三、小寒：多至 다음의 절후、一월 五일 무렵。

二四、大寒：一월 二〇일 무렵。

四 七山바다는 全羅南道 靈光郡 蝟島 부근의 바다。石首魚의 主產地。

五 〈臨海異物志〉는 唐 段公路가 撰한 것으로서 〈北戶錄〉에 인용되어 있을 뿐、지금 그 전모를 알

수 없다.

六 初水는 우리나라 南西沿海地方에 있어서는 음력으로 매월 最低潮 때와 다음 最低潮間 十五일 내지 一四일을 一五分하여 최초의 潮水日을 初水、다음 潮水를 순차적으로 二水·三水 ……라고 부른다。현재 鮟鱇網에 의한 조기잡이는 三水 내지 一〇水 사이가 좋으며、七~八水가 가장 좋다。

七 〈博雅〉는 〈廣雅〉와 같은 책으로서 전一〇권。魏의 張揖이 撰했다。〈爾雅〉의 舊目錄을 중심으로 漢儒의 箋註 및 三蒼說文方言 등의 諸書를 채용하여 미비한 부분을 보충한 것。隋나라 曹憲이 音釋했다。〈博雅〉는 煬帝의 諱를 피하여 고쳐 지은 이름이다。

八 鰀은 黃泌秀가 지은 〈名物紀略〉에는 鯮魚라고 기록되어 있다。

九 〈本草綱目〉은 明나라 李時珍이 編한 것으로서 전五二권이다。本草의 一科는 漢나라의 原史時代에 만들어 졌고、後漢때에 붓으로 기록되었으며、역대의 名醫·碩學의 硏鑽에 의해 오늘날에 이르렀다。그 내용은 주로 不老長生、病治療、疾病에 관한 動·植·鑛物 및 그 加工品에 대한 각 名稱·形狀·產地·効用·用法 등을 연구 기록한 책이다。그 가운데 〈本草綱目〉은 一五九〇년(萬曆 庚寅 一八年)에 明나라 蘄州의 名醫 李時珍의 편집으로 漢나라 歷代의 本草를 經으로 하고、諸子 七一〇餘家의 책을 緯로 하여 三〇년이란 세월을 쏟아 중국에서 나는 一、八九二種에 대하여 일일이 釋名·集解·氣味·主治·脩治·發明·正誤의 일곱 항목으로 나눈 후 歷代의 名醫·碩學의 諸說을 참고로 하여 편집 비평하고 자기의 識見으로써 이를 判定한 것이다。(二一〇面註五 참조)

숭 어 (鯔魚) 여러 종류가 있음

숭어(鯔魚)

큰 놈은 길이가 五~六자 정도이며 몸이 둥글고 까맣다。눈은 작고 노라며、머리는 편편하고 배는 희다。성질은 의심이 많고 화(禍)를 피하는 데에 민첩할 뿐 아니라 잘 헤엄치며 잘 뛴다。사람의 그림자만 비쳐도 급하게 피해 달아난다。맑은 물에서는 여지껏 낚시를 문 적이 없다。물이 맑으면 그물에서 열 발자국쯤 떨어져 있어도 그 기색을 잘 알아챌 수 있으며、그물 속에 들었다 해도 곧잘 뛰쳐나간다。그물이 뒤에 있을 때에는 물가로 나가 흙탕 속에 엎드려 있고 물속으로 가려하지 않는다。그물에 걸려도 그 흙탕에 엎드려 온 몸을 흙에 묻고 단지 한 눈으로 동정을 살핀다。

고기살의 맛은 좋고 깊어서 물고기 중에서 첫째로 꼽힌다。이 물고기를 잡는 시기는 일정하지 않으나、三~四월에 알을 낳기 때문에 이 때에 그물로 잡는 사람이 많다。흙탕이거나 흐린 물이 아니면 잡으려 하지 않는 것이 좋다。때문에 흑산 바다에도 간혹 이 물고기가 나타나나 잡기가 어렵다。

작은 놈은 속칭 등기리(登其里)라 부르고 가장 어린 놈을 속칭 모치(毛峙)라고 부른다。〔그리고 모당(毛當)이라 부르기도 하고 모장(毛將)이라고도 부른다.」

가숭어〔假鯔魚〕

모양은 참숭어(眞鯔)와 같다. 단지 머리가 약간 큰데다 눈이 까맣고 크며 매우 민첩하다. 흑산에서는 이 종류만 잡힌다. 그 새끼는 몽어(夢魚)라고도 부른다.

살피건대, 〈본초〉(本草)에 숭어는 잉어를 닮아 몸이 둥글고 머리가 납작하며 가시는 연하고 강과 바다의 얕은 곳에 서식한다고 기록되었으며, 〈마지〉(馬志)엔 흙탕물을 마시는 것을 좋아 한다고 기록되어 있다. 이시진의 말에 의하면 숭어란 색이 검기 때문에 붙은 이름이라고 한다.

월인(粤人)①의 사투리로는 자어(子魚)라고 하는데, 그 곳 동쪽바다에서 난다. 노란 기름이 돌면서 맛이 좋다. 지금 사람들이 숭어(秀魚)라 부르는 물고기가 이것이다.〔〈삼국지〉(三國志)②의 주(註)에 의하면, 개상(介象)③과 손권(孫權)이 회(鱠)를 논하는 자리에서, 개상이 가로되 숭어가 제일이라고 했다. 이에 손권이 바다 속에 서식하는 숭어를 어떻게 잡을 수 있는가 하고 물었다. 그러자 개상이 바닷물을 떠오게 하여 늪(沼)에 가득 채우고 낚시줄을 내리니 순식간에 숭어가 잡혔다 한다.」

註 一 粤人은 中國 廣東省 사람들을 가리킨다. 廣東·廣西를 兩粤이라고 한다.

二 〈三國志〉는 六五권으로 晋의 陳壽가 撰한 歷史書이다. 魏志本紀 四, 列傳 二六, 蜀志列傳 一五, 吳志列傳 二〇. 註는 宋의 裴松이 太祖의 勅命을 받아 쓴 것으로서 귀중한 자료가 매우 많다.

三 介象은 三國時代 吳나라 會稽 사람으로 字는 元則이다. 陰力(道法)을 수련하여 능히 모양을 감추고 변화할 수 있으며 때때로 神仙幻術을 시도하여 기이한 짓을 하므로 吳나라 主徵이 武昌에

와서 극진히 받들어 介君이라 존칭하였다.

농 어 (鱸魚)

농어(鱸魚)

농어(鱸魚)는 큰 놈은 길이가 열 자 정도이며, 몸이 둥글고 길다. 살찐 놈은 머리가 작고 입이 크며 비늘이 잘다. 아가미(鰓)는 두 겹으로 되어 있는데 엷고 약하여 낚시바늘에 걸리면 찢어지기 쉽다. 색은 희고 검은 점이 있으며 등은 검푸르다. 맛이 좋고 담백하다. 四~五월초에 나타났다가 동지(冬至)가 지난 후엔 자취를 감춘다. 성질이 담수(淡水)를 좋아한다. 장마 때나 물이 넘칠 때마다 낚시꾼들은 짠물과 단물이 섞이는 곳을 찾아 낚시를 던지는데 낚시바늘에 잘 물린다. 흑산에서 난 것은 야위고 작으며 맛도 또한 육지 연안에서 잡히는 놈보다 못하다. 농어의 치어는 속명으로 포농어(甫鱸魚) 또는 깔다우(乞德魚)라고도 부른다.

〈정자통〉에 의하면 농어는 쏘가리(鱖)를 닮아 입이 크고 비늘이 잘며, 길이가 二~三치에 달하는데, 아가미가 네 개 있다. 그래서 이를 속칭 사새어(四鰓魚)① 라고도 부른다 했다. 그러나 이시진은 이르기를, 농어는 절강성(浙江省=吳) 송강(松江)에서 四~五월경에 가장 많이 잡히는 물고기로서 길이가 겨우 二~三치밖에 안될 뿐 아니라 모양이 아주 작고 쏘가리를 닮아 색이 희고 검은 점이 있다고 했다(〈본초강목〉에 나옴). 그러나 중국 절강성의 농어는 짧고 작은지라 우리 나라의 농어와는 다르다.

註 一 四鰓魚는 중국에서 겨울철의 유명한 요리인 四腮魚 냄비의 물고기로 쓰인다. 그러나 이 淞江鱸魚는 농어가 아니고 꺽정이(cottidae)라는 물고기이다. 이 물고기는 머리 부분에 낚시모양의 가시가 있으며 담갈색의 몸에 넓은 담묵의 띠를 두르고 귀세미가 아름답다. 크기는 四~五치 정도의 작은 물고기이다. 四鰓魚는 네 귀세미를 가진 물고기의 이름이다.

강 항 어(强項魚)

도미(强項魚)

큰 놈은 길이가 三~四자에 달하며 모양은 농어를 닮았다. 몸은 짧고 체고(體高)는 길이의 반쯤 된다. 등은 빨갛고 꼬리는 넓으며 눈이 크고 비늘은 민어를 닮아 매우 단단하다. 머리 또한 단단하여, 다른 물체와 부딪치면 거의 다 깨어져 버린다. 이빨도 참으로 튼튼하여 능히 소라·고둥의 껍질을 부술 수 있다. 낚시를 물어도 곧잘 떠서 부러뜨린다. 살고기는 탄력 있고 맛이 좋으며 짙다. 호서(湖西)와 해서(海西—黃海道)에서는 四~五월에 그물로 잡는다. 흑산에서는 四~

五월초에 잡히는데 겨울로 접어들면 자취를 감춘다。

감성돔(黑魚)

색깔이 검고 약간 작다。

혹돔(瘤魚)

모양은 도미(强項魚)를 닮아 몸이 약간 길며 눈은 약간 작고 색은 자색(紫色)으로 머리 뒤에 혹이 있어、큰 놈은 주먹만 하다。턱 아래에도 혹이 있는데、이것을 삶아 기름을 만든다。맛은 도미와 비슷하지만 그만 못하다。머리에는 고깃살이 많다。맛이 깊다。

닥도미(骨道魚)

큰 놈은 四~五치 정도인데、모양은 도미를 닮았다。색은 희고 가시는 매우 단단하며 맛은 박(薄)하다。

북도어(北道魚)

큰 놈은 七~八치 정도로、모양은 도미를 닮았고 색은 희며 맛은 도미와 비슷하나 약간 담박하다。

강성어(赤魚)

모양은 도미와 같으나 작고 색이 붉다。 강진현(康津縣)①의 청산(青山島)② 바다에 많다。 八~九월에 비로소 나타난다〔원본(原本)에는 빠져 있으나 이제 이를 보완한다)」。

살피건대 〈역어유해〉(譯語類解)③에는 가계어(家雞魚)라고 기록되어 있다。

註 一 康津縣은 오늘날 全羅南道 康津郡。

二 青山島는 지금의 全羅南道 莞島郡의 한 섬으로서 고등어의 集散地로 유명하다。

三 〈譯語類解〉는 二권으로 愼以行 등이 편한 것이다(一六九〇)。 本書에는 天文·時令·氣候·地理·宮闕 등 六〇여 종의 부문으로 나누어 각 단어의 아래 한글로써 中國字音을 표시하고 그에 대해 우리말로 풀이했다。

준 치 (鰣魚)

준치(鰣魚)

크기는 二~三자 정도로 몸은 좁고 높으며, 비늘이 굵고 가시가 많으며 등은 푸르다。 맛이 좋고 시원하다。 곡우(穀雨)가 지난 뒤에 비로소 우이도(牛耳島)①에서 잡힌다。 이때부터 점차로 북으로 이동하여 六월이 되면 해서(海西)에 나타난다。 어부들은 이를 쫓아가 잡는다。 그러나 늦게 잡히는 놈은 먼저 잡히는 놈만 못하다。 작은 놈은 크기가 三~四치 정도로 맛이 떨어진다。

이 물고기에 대해서 〈이아〉(爾雅)② 석어(釋魚)에서는, 구(鮥—준치)는 당호(當魱)라고 기록하고 있으며, 곽박(郭璞)의 〈이아주소〉(爾雅注疏)에서는 바닷고기로서 병어(鯿魚)를 닮아 비늘이 굵고, 살이 통통하여 맛이 좋으나 가시가 꽤 많다。 지금 강동(江東)③에서는 길이가 석 자나 되는 큰 놈이 있는 바, 그런 큰 놈을 당호라 부른다고 기록되어 있다。 또 〈유편〉(類編)④에는, 구(鮥)는 시(時)로 나오기도 하는데, 이 시(時)는 곧 지금의 시어(鰣魚)를 말한다 했고, 〈집운〉(集韻)⑤에는 치(鯔)는 시(鰣)와 같다고 했다。 이시진은 「시(鰣)는 모양이 수려하고 납작하며 약간 방어를 닮아 같다。 빛은 흰 색으로 은빛 같다。 고깃살 속에 작은 가시가 많아서 털과 같다」고 했으며, 큰 놈이라고 해도 三자를 넘지 못하는데, 배 아래쪽에 삼각형의 굳은 비늘(硬鱗)이 있어 갑옷과 같으며, 그 비늘껍질 속에 기름이 있다고 했다(〈本草綱目〉에 나옴)。 이것은 곧 요즘에 흔히 불리고 있는 준치어(鰦鰣魚)이다。

또 〈여어유해〉에는 준치어를 늑어(肋魚), 일명 웅어⑥라고 했다。 〈본초강목〉에는 따로 늑어가 있다고 하면서 시(鰣)를 닮아 머리가 작고, 배 아래 단단한 가시가 있다고 기록되어 있다。 요즘 흔히 말하는 준치어는 아니다。

注 一 牛耳島는 全羅南道 新安郡 都草面 西南方 근처에 있는 섬이다。

二 〈爾雅〉는 言語·器具·天地·山川·草木·禽獸 등을 해석한 책。 撰者 未詳。 周代부터 漢代에 이르는 三朝 사이의 여러 사람들에 의해서 만들어진 책으로 보이는데, 원래는 三권 二〇편이었다 하나, 지금은 단지 一九편만이 전해온다。 釋魚는 그 중의 一篇이다。

三 江東은 揚子江의 東岸, 곧 옛날 吳나라 지방.

四 〈類篇〉은 전 四五권으로 宋나라 仁宗 때, 侍講學士 王洙와 翰林學士 胡宿 등 여러 사람들이 命을 받들어 纂輯한 책인데, 그 후 治平 四년에 司馬光에 의해서 수정되었다. 이 책은 〈集韻〉 및 〈玉篇〉의 不備를 보충하기 위해 편찬된 책으로 수록된 字數는 모두 三만一천三백一九, 重字 二만一천八백四六字이다.

五 〈集韻〉은 전 一〇권, 宋 仁宗 때에 丁度 등이 勅命을 받아 편찬하였으나 미완성으로 그쳤던 것을 司馬光이 이어 완성, 英宗治平 四년에 進上하였음.

六 〈江都志〉(江華島邑志)에는 웅어를 鱭刀魚라고 기록돼 있다. 웅어와 준치는 다른 어종이다.

고 등 어 (碧紋魚)

고등어(碧紋魚)

길이 두 자 정도로 몸이 둥글고 비늘이 매우 잘며, 등이 푸르고 무늬가 있다. 맛은 달콤하며 탁하다. 국을 끓이거나 젓을 만들 수 있으나 회나 어포는 만들지 못한다. 추자도(楸子島)① 여러 섬에서는 五월에 낚시에 걸리기 시작하여 七월에 자취를 감추며 八~九월에 다시 나타난다. 흑산 바다에서는 六월에 낚시에 걸리기 시작하여 九월에 자취를 감춘다. 이 물고기는 낮에는 유영속도가 빨라 잡기 어렵다。 성질이 밝은 데를 좋아한다。 그러므로 불을 밝혀 밤에 낚는다。 맑은 물에 놀기를 좋아하기 때문에 그물을 칠 수가 없다。 섬사람들의 말에 의하면 건륭경오(乾隆庚午)② 에 번성하기 시작하여 가경을축(嘉慶乙丑)②에는 풍작이 흉작(歉)으로 변하여 버렸는데、 그렇다고 해서 잡히지 않는 해는 없었다고 한다。 병인(丙寅) 이후에는 해마다 줄어들어、 근래에는 자취를 감추었다고 한다。 요즈음 영남 지방의 바다에서 새로이 이 물고기가 나타났다고 들었다。 그 이치를 알 수가 없다。

약간 작은 놈을 속칭 돔발이(塗音發)라고 부른다。 이 돔발이는 머리가 약간 쭈그러들어 모양이 조금 높은 편이며 빛깔은 조금 연한 편이다。

(註) 一 黻子島는 濟州道에 속한 섬으로서 濟州道와 珍島 사이에 있다。 멸치의 名產地이다。
二·三 乾隆庚午는 西紀 一七五〇년이며 嘉慶乙丑년은 西紀 一八〇五년이다。

가고도어(假碧魚)

몸이 약간 작고、 빛깔은 매우 연하며、 입이 작은데다 입술이 엷다。 꼬리는 넓고 작은 가시가 있다。 모양은 날개까지 달고 있다。 맛은 달콤하여 고등어보다 좋다。

배악어(海碧魚)

모양이 고등어와 같고 색깔은 푸르나 무늬가 없다。 살이 많은 편이나 무르다。 큰 바다에서 서식하기 때문에 모래톱에는 접근하지 않는다。

청 어(靑魚)

청어(靑魚)

길이는 한 자 남짓하며 몸이 좁고 빛깔이 푸르다。물에서 오래 떨어져 있으면 대가리가 붉어진다。맛은 담백하며 국을 끓이거나 구워 먹어도 좋고 어포(醃鱐)를 만들어도 좋다。정월이 되면 알을 낳기 위해 해안을 따라 떼를 지어 회유해 오는데、이때의 청어떼는 수억 마리가 대열을 이루어 오므로 바다를 덮을 지경이다。석 달 동안 산란(產卵)을 마치면 청어떼들은 곧 물러간다。그런 다음엔 길이 서너 치 정도의 청어 새끼가 그물에 잡힌다。건륭경오(乾隆庚午) 후、一〇여 년 동안은 풍어였으나 중도에서 뜸하여졌다가 그 후 다시 가경임술년(嘉慶壬戌年)에 대풍어였으며、을축년(乙丑年)① 후에는 또 쇠퇴하는 성쇠(盛衰)를 거듭했다。이 물고기는 동지(冬至) 전에 영남(嶺南) 좌도(左道)에 나타났다가 남해를 지나 해서(海西)로 들어간다。서해에 들어온 청어떼는 북으로 올라가 三월에는 해서(海西)에 나타난다。해서에 나타난 청어는 남해의 청어에 비하면 배나 크다。영남·호남은 청어떼의 회유의 성쇠(盛衰)가 서로 바꾸어진다고 한다。

창대(昌大——黑山住民)의 말에 의하면 영남산(嶺南產) 청어는 척추골(脊椎骨) 수가 七四마디(節)이고 호남산(湖南產) 청어는 척추골 수가 五三마디라고 한다。

살펴보면 청어(靑魚)는 청어(鯖魚)로도 통한다. 〈본초강목〉에 청어는 강호(江湖) 사이에 태어나 머리 속의 침골(枕骨)의 모양이 호박(琥珀)과 같고, 잡는 데 때를 가리지 않는다고 씌어져 있다. 그러나 이는 지금의 청어가 아니다. 그 빛깔이 푸른 점에서② 우선 그런 이름을 붙여둔 것이다.

㊟ 一 乙丑은 嘉慶一〇年으로 一八〇五년이다.
二 중국 古魚名에서는 등이 푸른 물고기를 보통 靑魚라고 부른다.

묵울충암(食鯖)

묵울(墨乙)은 「먹는」다는 뜻이다. 산란(産卵)을 알지 못하고 단지 먹을 것만을 구하는 데서 이른 말이다. 눈은 약간 크고 몸은 약간 길다. 四~五월경에 잡힌 놈도 배 안에 알이 없다.

우동필(假鯖)

몸은 약간 둥글고 살이 쪘으며, 맛은 조금 시큼하고 달다. 청어보다 좋다. 청어가 잡히는 시기에 그물에 잡힌다.

관목청(貫目鯖)

모양은 청어와 같고, 두 눈이 뚫려 막히지 않았다. 맛은 청어보다 좋다. 이것으로 엳간포를 만들면 맛이 매우 좋다. 때문에 청어 엳간포도 다 관목 청어라 부른다. 그러나 사실이 아니다. 영남 바다에서 잡히는 놈이 가장 드물고 귀하다(原本에 缺해 있으므로 지금 보충한다).

상어(鯊魚)

대체로 물고기가 알을 낳은 것은 암수의 교배에 의해서가 아니다。수컷이 먼저 정액(白液)을 쏟으면 암컷은 이 액에 알을 낳아 수정부화되어 새끼가 된다。그런데 유독 상어만은 태생(胎生)이다。잉태에 일정한 시기가 없다는 것은 물 속에 사는 생물로서는 특별한 예다。수놈에는 밖으로 두 개의 콩팥이 있고, 암놈은 배에 두 개의 태가 있다。태 속에는 또 각각 四~五개의 태가 있다。이 태가 성숙해지면 새끼(句)①가 태어난다。새끼상어(兒鯊)의 가슴 아래에는 각기 하나의 태와 알이 있다。크기는 수세미②와 같다。알이 없어지면서 태어난다。「알은 사람의 배꼽과 같다。그러므로 새끼상어의 배 안에 있는 것은 알의 즙이다」。

〈정자통〉에는, 바다상어(海鯊)는 푸른 눈에 붉은 머리를 가지고 있으며, 등에는 가시 등지느러미가 있고, 배 아래에는 배지느러미가 있다고 씌어져 있다。〈육서고〉(六書故)③에 이르기를, 상어는 바다에서 서식하는데, 그 껍질이 모래와 같다고 해서 그 이름을 사어(沙魚)라고 이름 지었다。입이 딱 벌어졌으며 비늘이 없고 태에서 태어난다고 했다。〈본초강목〉에는 교어(鮫魚)를 일명 사어(沙魚)라고도 하며, 일명 작어(䱜魚), 일명 복어(鰒魚), 일명 유어(溜魚)라한다고 기록되어 있다。 이시진(李時珍)은 말하기를, 「옛날에는 교(鮫)라 했고 지금은 사(沙)라고 하는데, 이는 같은 것으로서 여러 종류가 있는데 껍질에는 모두 모래가 있다」고 했다。 진장기(陳藏器)는 말하길 그 껍질에는 모래가 있어서 나무를 문질러도 견디어냄이 나무닦는 속새(木賊)와 같다고 했다(〈본초강목〉에 나옴)。 이상과 같은 기록은 모두 바다상어를 가리킨다。 그 새끼는 모두 태에서 나온 것으로 어미의 배를 드나든다。 심회원(沈懷遠)의 〈남월지〉(南越志)[4]에 의하면, 환뢰어(環雷魚)는 작어(䱜魚)인데, 길이가 열 자 정도이고, 배에 두 개의 구멍이 있어 물을 저장하여 새끼를 기른다。 한 배에 세 마리를 넣으며, 새끼는 아침에 입 속에서 나와 저녁에는 배로 돌아간다 했다。 〈유편〉(類篇) 및 〈본초강목〉에도 이런 기사가 씌어져 있다。 살펴 알아둘 일이다 [작어는 바다상어(海魚)를 말한다]」。

註 一 句는 子의 잘못인지도 모른다。

二 수세미외는 박과에 속하는 일년생 만초로서 漢字로는 絲瓜이다。

三 六書故는 元나라 戴侗이 찬한 三三권의 전집이다。 전체를 九部로 나누고 六書로써 字意를 밝혔는데, 考據의 정확성으로써 유명하다。

四 〈南越志〉는 沈懷遠이 撰한 책이나 전해 오지 않는다。 唐 劉恂이 편찬한 〈嶺表錄〉에 인용되어 있는 것으로서 그 편린을 알 수 있을 뿐이다。

기름상어(膏鯊)

큰 놈은 七~八자 정도로 몸이 길고 면(面)이 둥글며 빛깔은 잿빛과 같다(대체로 상어의 빛깔은 모두 회색이다)。 지느러미와 꼬리에는 송곳같은 가시가 하나씩 있다。 껍질은 모래처럼 단단하다。 특히 간(肝)에는 기름이 많고 온 몸이 모두 기름이다。 고깃살은 백설과 같다。 굽거나 국을 끓이면 깊은 맛이 나지만 회(鱠)감으로는 그다지 적합하지 않다。 대체로 상어를 다루는 방법은 끓는 물을 부어 유연하게 하고 문지른다。 그러면 모래같은 비늘이 저절로 벗어지는데、 그 간에서는 기름을 짜서 등잔기름으로 사용한다。

참상어(眞鯊)

모양은 기름상어를 닮았다。 몸은 약간 짧고 머리는 넓죽하며 눈은 조금 크고 고깃살의 빛깔은 조금 붉으스레하다。 맛이 담담하여 회에 좋다。 큰 놈은 강상어(羌鯊)라고 부른다〔俗名은 민동상어(民童鯊)〕。 중간쯤 되는 놈을 마표상어(馬杓鯊 : 俗名은 박죽상어)라 부르고 작은 놈은 돔발상어(道音發鯊)라 부른다。

창대(昌大)의 말에 의하면 마표상어는 따로 한 종류가 있어、 머리는 해요어(海鷂魚)와 같고、 모양은 마표(상어)를 닮았는데、 이런 점에서 이같은 이름이 지어졌다고 했다。 또 화사(鏵鯊)라고도 한다。 화사 또한 마표((상어)를 닮았다。 참상어 무리의 일종인 것 같다。

게상어(蟹鯊)

즐겨 방게(蟛蟹)를 잡아 먹기 때문에 이런 이름이 생겼다。 모양은 기름상어를 닮았으나 가시가 송곳같다。 누골(膂) 표면에 있는 흰 점은 꼬리에까지 줄지어 늘어 서 있다。 그 용도는 참상어와 같으나 간에는 기름이 없다。

죽상어(竹鯊)

기름상어와 마찬가지로 큰 놈은 열 자 정도로 머리는 약간 크고 넓으며 입술은 조금 모가 나도록 크다(다른 상어의 입술은 비수와 같다)。 양편 늑골 거죽에 있는 점은 점이 줄을 이루어 꼬리에까지 뻗쳐 있다。 용도는 참상어와 같다。

소송(蘇頌)①의 말에 의하면, 상어(鮫) 중에 크고 주둥이가 길며 톱과 같은 놈은 호상어(胡沙)라 부르고, 성질이 순하고 맛이 좋으며 작고 껍질이 거치른 놈은 백상아리(白沙)라고 부르는데, 이 상어는 고깃살이 단단하며 독이 조금 있다고 한다。 이시진은 말하기를, 등에 사슴과 같은 무늬가 있고 견고하고 강한 놈을 점상어(鹿沙)라 부르고, 또 백상아리(白沙)라고도 부르며, 등의 무늬가 호랑이와 같고 단단한 놈을 범상어(虎沙), 또는 호상어(胡沙)라고도 한다 했다(〈本草綱目〉에 기록되어 있음)。 지금의 게상어(蟹鯊), 죽상어(竹鯊), 병치상어(騈齒鯊) 및 왜상어(矮鯊) 무리는 모두 반점이 있는데, 그 반점은 호랑이나 사슴과 같다고 소송과 이시진은 말하고 있다。

註 一 蘇頌은 宋나라 사람으로 字는 子容이다。 벼슬은 集士로 시작하여 集賢校理가 되고 度支判官을 거쳐 元祐中右僕射에 임명됐다。 中書門下侍郞을 겸임했다。〈新儀象法要〉라는 著書가 있다。

비근상어(癡鯊)

큰 놈은 五~六자 정도로, 몸이 넓고 짧으며 배가 크고 노랗다(다른 물고기는 모두 배가 희다). 등은 보라색이고, 입은 넓죽하고 눈은 움팍하다. 성질이 매우 느긋하고 둔하며 물에서 나와 하루가 지나도 죽지 않는다. 회(膾)감으로는 좋으나 다른 데에는 용도가 없다. 간에 기름이 특히 많다.

왜상어(矮鯊)

길이는 두 자쯤밖에 되지 않으나 모양·빛깔·성질·맛 등이 모두 비근상어(艤魚)를 닮았다. 단지 몸이 작다는 것이 다른 점이다.

(섬사람들이 왜상어를 조전담상어(趙全淡鯊) 또는 제주아〔濟州兒一〕라 부르고 있으나 그 뜻이 무엇인지는 아직 모르겠다.

병치상어(駢齒鯊)

큰놈은 열 자 반 정도로, 모양은 비근상어(艤魚)를 닮았으나 체색은 비근상어가 검은 보라색인데 병치상어는 회색바탕에, 양쪽 늑골 옆에 흰 점이 있어 줄을 이루고 있다. 꼬리는 조금 가늘고 이(齒)는 구부러진 칼과 같고 매우 단단하고 예리하여 능히 다른 상어를 물어 죽인다. 다른 상어가 낚시바늘을 삼킬 적에 병치상어는 이것을 자르려 하다가 잘못 물어 사람 손에 잡히고 만다. 가시가 연하여 생식(生食)할 수 있다.

줄상어(鐵剉鯊)

크기가 기름상어와 같고 등이 약간 넓으며 꼬리 위의 지느러미가 약간 깊숙하여 도랑처럼 보인다. 입 위에 뿔이 하나 있어 그 길이가 전체의 三분의 一이나 된다, 모양은 긴 칼과 같으며 양쪽에 거꾸로 박힌 가시가 있는데 톱니와 같아서 매우 단단하고 날카롭다. 잘못하여 사람 몸에 닿으면 칼날보다 더 날카롭다. 그러므로 철좌(鐵剉)라고도 부른다. 그 톱니를 가진 것이 칼날을 잘라낸 것 같다고 해서 지은 이름이다. 뿔 밑에는 한 쌍의 수염이 있다. 그 길이는 한 자 정도다. 그 용도는 참상어와 같다.

〈본초강목〉에 의하면, 상어의 코 앞에는 뼈가 있어 도끼와 같이 능히 사물을 칠 수 있고 또 배를 뚫을 수 있는 놈을 톱상어(鋸沙)라 부르는바 정액어(挺額魚) 또는 번작(鱕䱜)이라고도 부른다 한다. 이들은 모두 코 뼈가 도끼 모양과 같다고 한다(이상은 李時珍의 說이다).

좌사(左思)의 촉도부(蜀都賦)에 있는「인구번작」(鮣龜鱕䱜)의 주(注)에는, 번작에는 횡골이 있다. 이 횡골은 코 앞에 있으며 도끼 모양과 같다고 했다. 〈남월지〉(南越志)에는, 번어(鱕魚)의 코에는 횡골이 있어 도끼와 같은 바 배가 이를 만나면 반드시 갈라진다고 기록되어 있다. 이것들은 모두 요즘에 말하는 줄상어를 가리킨 것이다. 요즘의 줄상어는 크기가 열 자나 되는 놈이 있는데 그것은 이빨상어(齒鯊)나 키꼬리상어(箕尾鯊)의 유에 속한다. 모두 능히 사람을 삼키고 배를 전복시킨다.

註 一 〈蜀都賦〉의 作者인 左思는 晉代, 臨淄의 사람으로, 字는 太冲이다. 博學한 데다 陰陽의 術에까지 능했으며, 또 齊都의 賦와 三都의 賦를 지어 張華를 감탄시켰다. 張華는 班張의 流派라고

그를 칭찬했었다. 이리하여 富豪들이 서로 다투어 이 책을 복사하는 바람에 洛陽의 紙價를 올렸다.

二 이 돔상어는 귀상어(掀額魚 : 번작)와 혼동하고 있다.

모돌상어(驍鯊)

크기는 다른 상어와 비슷하나 큰 놈은 열 자 이상된 것도 놈고 아주 큰 놈은 길이가 三~四○자나 되어 잡을 수가 없다.

이빨이 매우 단단하고 날래며 용감할 뿐 아니라 힘이 절륜하다. 어부들은 삼치창으로 이를 찌른다. 삼치창에 찔린 상어가 성이 나서 날뛸 적에는 날뛰는 대로 버려 두었다가 지칠 대로 지친 때를 기다린 연후에 밧줄을 끌어당긴다. 혹은 낚시질을 할 때에 갑자기 낚시바늘을 물고 달아나기도 한다. 이때에 만일 밧줄이 손바닥에 감기는 날이면 손가락이 잘리고 밧줄이 허리에 걸릴 적에는 온몸이 이에 따라 물에 빠져들어갈 때도 있다. 이럴 때에 사람은 상어(驍鯊)에 끌려 다니게 된다. 용도는 다른 상어와 같다. 맛이 약간 쓰다.

저자상어(鐥鯊)

큰 놈은 二○자 정도이고, 몸은 올챙이를 닮았으며 앞 날개가 커서 부채 모양과 같다. 껍질은 날카로운 바늘과 같아서 이것으로 줄(鐥)을 만들면 철제보다 좋다. 그 껍질을 닦아 기물(器物)에 장식하면 단단하고 매끄럽고 품위가 있어 빛이 나고 아름답다. 맛이 담담하여 회를해 먹으면 좋다.

〈순자〉(荀子) 의병편(議兵篇)에 의하면 초나라 사람이 외뿔난 상어가죽으로 갑옷을 만들었다 했다。〈사기〉(史記) 예서(禮書)의 교현(鮫韅)의 주에 의하면 서광(徐廣)이 상어 가죽으로 복장을 장식하라고 말했다 한다。〈설문〉(說文)에는 상어는, 바다 물고기로서 그 가죽으로는 칼을 장식할 수 있다고 했다。이들은 모두 지금의 저자상어를 가리킨 것이다。〈산해경〉(山海經)에는 장수(漳水)는 동남으로 흐르다가 수(雎)로 들어가는데 그 물속에는 상어가 많다。가죽으로 칼을 장식하고 입껍질(口錯)로는 뿔을 다루는 도구로 사용한다고 했다。이시진은 말하기를 가죽에 구슬이 있어 칼을 장식하고 뼈와 뿔을 깎는다고 했다。구착(口錯)은 입안의 껍질이다。지금 저자상어의 입안 껍질은 물건을 가는 데에 잘 듣는다。흔히 구중피(口中皮)라고 부르는 것이 곧 이것이다。

註 一 荀子는 중국 전국시대의 趙나라의 유학자로서 이름은 況이다。周孔의 禮를 밝히고 禮學을 적극 권장하였으며, 孟子의 性善說에 대하여 性惡說을 제창하였다。그의 저서는 원래 一二권 三二편으로 孫卿新書라 이름했는데 뒤에 唐의 楊倞이 「荀卿子」라 고쳤고, 이를 다시 「荀子」라 했다。

二 徐廣은 晋代 사람이다。집안이 대대로 학문을 좋아하였을 뿐 아니라 先學들의 저서를 구하여 읽어보지 않은 것이 없었다。劉裕가 受禪하자 이를 섬기지 않고 은거하였다。車服儀注 및 晋記 등을 撰했다。

三 漳水는 中國 山西省으로부터 흘러나와 河南 直隷 兩省을 지나 運河에 合流된다。

四 雎는 中國 河南省 에 있는 泗水의 支流였으나 지금은 물길이 변하여 자취가 없음。

귀상어(鱛閣鯊)

큰 놈은 열 자 남짓된다。 머리는 노각(艣閣) 비슷하여 앞이 살고 뒤쪽이 죽었으며 기름상어와 유사한 바가 있다。 눈은 노각의 좌우 끝에 있다。 등지느러미는 매우 커서 지느러미를 펴고 헤엄쳐 가면 흡사 돛을 편 것과 같다。 맛이 아주 좋고 회를 만들거나、국을 끓여 먹으면 좋다。 노각은 해선(海船)의 앞 돛대에 걸친 대횡격두(大横格頭—頭는 舷의 바깥 쪽에 있다)로서 좌우 모두가 판각(板閣)으로 만들어져 있다。 이것을 귀안(歸安)이라고 한다。 이제 이름을 노각이라 명명한 것은 이 물고기의 모양이 노각을 닮았기 때문에 이렇게 이름을 붙인 것이다。 이 노각상어는 두 귀가 있는데 솟아나와 있는 바、그 귀를 사투리로는 귀(歸 kui)라고 부른다。 그런 까닭에 귀안(歸安)상어라고도 한다。 노각도 역시 배의 두 귀(耳)이다。

사치상어(四齒鯊)

큰 놈은 七~八자이고 머리는 귀상어(艣閣鯊)를 닮았다。 다만 귀상어는 널판자 같은데 이 놈은 머리 뒤쪽이 매우 튀어나와 있어 장방형(長方形) 모양이고 머리 밑 부분은 다른 상어와 같으나 좌우에 각각 두 개의 이빨이 볼 가까이에 있다。 이빨 뿌리는 둥글고 끝은 뾰죽하며 이빨의 모양은 반쯤 깨진 항아리 같다。 생김새가 험상궂고 전복 껍질과 같으며、미끄럽고 단단하여 돌도 깨뜨릴 수 있다。 능히 전복 소라의 껍질을 깨물어 부순다。 성질이 매우 순하고 둔하여 물에서 헤엄치는 사람이 이를 만나면 안고 나올 수 있다。 용도는 비근상어와 같다。 맛은 약간 쓰다。

은상어(銀鯊) (俗名에 의거함)

큰 놈은 五~六자에 달한다。 성질은 약하고 무력하며 빛깔은 은빛과 같이 희다。 비늘이 없고 몸이 좁고 높으며、 큰 눈이 볼 옆에 붙어 있다(다른 물고기의 눈은 머리의 곁에 있다)。 코(酥鼻)는 입밖으로 四~五치 나와 있고、 입은 그 아래 있다(코〔酥鼻〕는 머리끝에 별도로 살덩이가 하나 앞쪽으로 약간 뾰죽하게 나와 있다。 그 모양이 연한 젖과 같다고 해서 이런 이름이 주어져 있다)。 날개는 살이 찌고 넓어 부채 같고、 꼬리는 올챙이 꼬리 같다。

용도는 다른 상어와 같으나 회에 가장 좋다。 그 날개는 말려서 불로 녹여가지고 유종에 붙이면 능히 유종(乳腫)을 고칠 수 있다。

환도상어(刀尾鯊)

큰 놈은 열 자 남짓、 몸은 그 둥근 모양이 동고(冬菰)를 닮았다。 허리끝에 달린 꼬리는 달리는 짐승의 꼬리와 같다。 꼬리의 길이가 몸의 길이와 같고 넓고 곧다。 끝은 깎여져 있고 구부러진 모양이 환도(環刀)와 같다。 칼날과 같이 잘 들며 쇠붙이보다 단단하다。 이것을 이용하여 휘둘러쳐서 다른 물고기를 잡아 먹는다。 맛이 매우 담담하다。

㊟ 一 冬菰를 우리나라에서는 一名 蒸果라고도 한다。

극치상어(戟齒鯊)

큰 것은 二~三○자나 된다。 모양은 죽상어를 닮았으나 검은 점이 없고 색은 잿빛과 같으나 약간 희다。 입술에서 턱에 이르기까지 이(齒)가 네 겹으로 줄지어 있어 마치 칼날이 늘어선 것 같다。 성질이 매우 느려 곧잘 사람들이 낚아내는데、 일설에는 그 이빨을 아끼기 때문에 낚시줄이 이빨에 걸리면 따라 끌려온다고 한다。

낚시가 살을 뚫고 뼈에 닿아도 놀라지 않고 움직이지 않는다。 그러나 만약 그 눈이나 또는 눈 부근의 뼈에 닿으면 흥분하여 날뛰는 관계로 접근하지 못한다。 살은 눈처럼 희다。 그 살로는 포(脯)나 회(膾)를 만든다。 이밖에도 아이들의 경풍(驚風)에 효력이 있다。 맛은 매우 담담하고 간에는 기름이 없다。

註 一 극치상어란 두 갈래 창과 같은 이빨을 가진 상어를 말한다。
　 二 原文에 쓰인 驚癎은 어린아이의 경풍을 이르는 것이다。 이 병은 경기병이라고도 한다。

철갑장군(鐵甲將軍)

크기는 수십 자、 모양은 큰민어를 닮았다。 비늘은 손바닥만큼씩 크고、 강철과 같이 단단하다。 이것을 두들기면 쇠붙이 소리가 난다。 다섯가지 색이 섞여 무늬를 이루고 있어 매우 선명할 뿐 아니라 미끄럽기가 빙옥(氷玉)과 같다。 맛도 좋다。 섬사람들이 한번 잡은 일이 있다。

註 一 冰肌玉骨이란 梅花의 形容으로써 美人을 말한다。

내안상어(箕尾鯊)

큰 놈은 五~六〇자나 되고、모양은 다른 상어와 같다。몸은 새까맣다。지느러미와 꼬리의 크기가 키(箕—쳉이)와 같다。바다상어 중에서 가장 큰 놈이다。대해(大海)에서 산다。바다에 비가 내리려 할 때는 무리지어 나타나 물을 뿜는데、그 품이 마치 고래와 같아서 배들이 감히 가까이 가지 못한다(原篇에 빠져 이에 보충함)。

〈사기〉(史記) 시황본기(始皇本紀)를 살펴보면、방사(方士—신선의 술법을 닦는 사람) 서시(徐市) 등이 바다에 들어가 신약(神藥)을 구하려고 수년 동안 노력했으나 끝내 이를 얻지 못했다。그래서 거짓말로 봉래(蓬萊)에 가면 약을 구할 수 있는데、항상 큰 상어가 나타나 괴롭히는 까닭에 신약이 있는 곳에 이르지 못했다고 했다。

〈조수고〉(鳥獸考)에서는 이르되、바다상어 중 호두상어(虎頭鯊)는 몸이 까맣고 二백근이나 되는 거물로서 항상 봄철의 밤에 해산(海山) 기슭으로 나아가 열흘 만에 한 번씩 둔갑하여 호랑이가 된다고 했다。모두 지금의 내안상어를 말함이다。그러나 호랑이로 둔갑했다는 설은 아직 실제로 확증된 일이 없다。〈술이기〉(述異記)에는 물호랑이(魚虎)가 늙어서 변하면 상어가 된다고 씌어 있다。또 이시진은 점상어(鹿鯊)가 능히 사슴으로 변하고 범상어(虎鯊) 역시 물호랑이로 둔갑한다면、사물은 원래 변하는 것이라 할 수 있겠다。그러나 아직 뚜렷이 밝힐 수는 없다고 했다。

총절입(錦鱗鯊)

길이는 열자 반 정도이다。모양은 다른 상어와 같으나 몸이 약간 좁고 윗입술에 두 개의 촉수

(구래나룻)가 있고 아랫입술에는 한 개의 촉수가 있다。이것을 들추어보면 털이 더부룩하다。비늘 크기는 손바닥만 하고 층층이 쌓인 기왓장과 같이 매우 현란하다。고기살은 부드럽고 맛이 좋다。

이 물고기를 먹으면 곧잘 학질이 떨어진다。때때로 이것을 그물로 잡는다(지금 보충함)。

금 처 귀(黔魚)

금처귀(黔魚)

모양은 도미를 닮아, 큰 놈은 두어 자 정도이고, 머리·입·눈이 모두 크고 몸이 둥글다。비늘은 잘고 등이 검으며 지느러미 연조(軟條)가 매우 굳다。맛은 농어(鱸魚)를 닮았고, 살은 약간 단단하다。사철 볼 수 있다。

조금 작은 놈(俗名 등덕어 登德魚)은 빛깔이 검고 불그스름하며, 맛은 금처귀(黔魚)보다 담담하다。

제일 작은 놈(俗名 옹자어 甕者魚)은 색이 검보라빛(紫黑)이고 맛이 싱거우며 언제나 돌 틈에 서식하면서 멀리 헤엄쳐 나가지 않는다。대체로 금처귀(黔魚)에 속한 놈은 모두 돌 틈에 서식한다。

볼낙어(薄脣魚)

모양은 금처귀를 닮았으나 크기는 조기 정도이다。 색은 검푸르고 입이 작고 입술이 매우 엷다。 맛은 금처귀와 같다。 낮에는 바다에서 놀고 밤에는 석굴(石窟)로 들어온다。

㊟ 一 發落魚는 볼낙어 무리에 속한다。

적박순어(赤薄脣魚)

볼낙어(薄脣魚)와 같으나 색이 붉다는 점이 다르다。

㊟ 一 赤薄脣魚는 도화볼낙이다。

북제어(赬魚)

모양은 금처귀와 비슷하고、 매우 큰 눈이 앞으로 툭 튀어나와 있다。 색은 빨갛고、 맛은 금처귀를 닮아 담담하다。

아구어(釣絲魚)

큰 놈은 두 자 정도이고、 모양은 올챙이를 닮아 입이 매우 크다。 입을 열면 온통 빨갛다。 입술 끝에 두 개의 낚싯대 모양의 등지느러미가 있어 의사가 쓰는 침 같다。 이 낚싯대의 길이는 四~五치쯤 된다。 낚싯대 끝에 낚시줄이 있어 그 크기가 말꼬리와 같다。 실 끝에 하얀 미끼가 있어 밥알과 같다。 이것을 다른 물고기가 따먹으려고 와서 물면 잡아 먹는다。

손치어(螫魚)

모양과 크기는 작은 금처귀를 닮았다。 등지느러미가 매우 독하여 성이 나면 고슴도치와 같아진다。 만일 적이 가까이 가면 찌른다。 사람도 이에 찔리면 견디기 어려울 정도로 아프다。 이 물고기에 찔린 곳을 솔잎을 넣고 끓인 물에 담근 뒤 바르면 신통한 효험이 있다。

넙치가자미(鰈魚)

넙치가자미(鰈魚)

큰 놈은 길이가 四~五자、넓이가 두 자 정도이다。 몸은 넓고 엷으며 두 눈은 몸의 왼 쪽에 치우쳐 있고、입은 가로로 찢어졌으며 꽁무니(尻)는 입 아래 있다。 장에는 지갑(紙匣)과 같은 두 개의 주머니가 있고、알에는 두 개의 어포(魚胞)가 있다。 그리고 가슴으로부터 등뼈 사이를 따라 꼬리에 이른다。 등은 검고 배는 희며 비늘은 매우 잘다。 맛은 달고 텁텁하다。

살피건대 우리나라를 접역(鰈域)이라고 한다。 접(鰈)은 동방의 물고기이다。〈후한서〉(後漢書) 변양전주(邊讓傳注)에 이르기를、비목어(比目魚)를 일명 접어(鰈魚)라 하며 지금 강동(江東)에서는 판어(板魚)라 부른다고 했다。〈이물지〉(異物志)에서는 일명 약엽어(箬葉魚), 속칭 혜저어(鞋底魚)라 부른다고 씌어 있다。〈임해지(臨海志)에는 비사어(婢屣魚)라 했고, 〈풍토기〉(風土記)에서는 노갸어(奴屩魚)라고 했다。 대체로 이 물고기는 반쪽만 갖추었으므로 그 모양에 따라 이렇듯 여러 가지 명칭을 가지고 있다。 그러나 지금 우리나라의 바다에서 나는 이 넙치가자미(鰈魚)는 크고 작은 여러 종류가 있으며 속칭이 각각 다르고 개체가 독립돼 있다。 그리고 암수가 있고 두 눈이 귀퉁이에 치우쳐 붙어 있으며 입은 가로로 찢어져 있다。 얼핏 보면 외짝으로는 가기 어렵다고 하나, 실험을 해 보면 이 한쌍이 서로 나란히 가는 것이 아니다。

〈이아〉(爾雅)를 보면 동방에 비목어(比目魚)가 있는데, 한쌍이 아니면 전진하지 못한다。 그 이름을 접(鰈)이라 한다고 기록되어 있다。 곽주(郭注)에는 이르기를 모양은 소(牛)의 비장(脾臟)을 닮았고 비늘은 잘며 검은 보랏빛이다。 눈이 하나뿐이므로 두 짝이 서로 합해야만 전진할 수 있다。 물 속에서 이들은 살고있다고 했다。

좌사(左思)의 〈오도부〉(吳都賦)에는 조양개(罩兩魪)라 하였고, 주(注)에는 좌우에 개(魪)는 눈이 하나이므로 비목어(比目魚)라 했다。 사마상여(司馬相如)①의 〈상임부〉(上林賦)에는 우우허납(禺禺鱋魶)이라 하면서, 그 주에 허(鱋)는 거(魼)로도 쓰는데 곧 비목어(比目魚)이다。 모양은 소의 비장(脾臟)을 닮고 두 짝이 서로 합해야 전진할 수 있다고 했다。 이시진은 말하기를, 비(比)는 더불어 있는 것을 이르는데 이 물고기는 각각 눈이 하나여서 서로 나란히 합쳐져야 전진하는 것이라고 했다。 단씨(段氏)의 〈북호록〉(北戶錄)②에는 이것을 겸(鰜)이라 했다。 겸은 곧 겸(兼)이다。 또 말하기를 두짝이 서로 합하여지는데 그 합해지는 쪽은 편편하여 비늘이 없다고 했다。 대체로 이 설(說)들은 아직 넙치가자미의 모양을 보지 못하고 상상으로써 이를 풀이하고 있다。 지금 넙치가자미는 분명히 한 마리에 눈이 둘 있고 서로 나란히 가는 것이 아니다。 이시진은 또 합한 데의 반쪽이 편편할 뿐 아니라 비늘이 없는 쪽의 눈을 본 젊은이가 있었다고 했으나 실상은 목도한 것이 아니다。〈회계지〉(會稽志)에서는 말하기 월왕(越王)은 물고기를 다먹지 않고 반쯤 버렸는데, 그것이 물속에서 다시 물고기가 되었으나, 한 쪽면이 없으므로 반면어(半面魚)라고 불렀다 했다。 이것이 곧 넙치가자미다。 그 반면(半面)이 홀로 가는 것이지 나란히 가는 것이 아니다。 곽박(郭璞)의 〈이아〉(爾雅) 주(注)에 의하면 접(鰈)을 왕여어(王餘魚)라고 하고 또 〈이어찬〉(異魚贊)에 이르기를 비목(比目)의 비늘을 별도로 왕여(王餘)라고 부른다고 하면서, 두 짝이 있다고 하나 실상은 한 마리의 물고기라고 했다。 그러나 왕여어는 곧 뱅어(鱠殘魚)이며 넙치가자미가 아니다。 곽씨(郭氏)가 잘못 말한 것이다(〈정자통〉에서는 비목어는 이름이 판어(版魚)인데 이에 반(飯)이 속명으로 되었다고 했다)。

㊟ 一 司馬相如는 漢의 景帝·武帝 시대의 文詞工으로서 유명했다。 그가 만든 子虛, 上林, 大人 等의 賦는 漢·魏·六朝 사람들이 많이 모방했다。

二 〈北戶錄〉은 唐의 段公路가 撰했다。 段氏는 懿宗 때 사람으로 廣州에 있을 때, 北戶錄을 만들었다。 嶺南의 風土와 物產에 대하여 상세하고 그 인용이 또한 매우 널리 미치고 있다。 즉 淮南萬畢術, 廣志, 南越志, 南裔異物會要, 靈枝圓記, 陳藏器本草, 唐韻, 郭緣生述征記, 臨海物志, 陶朱公養魚經, 名苑毛詩義, 船神記, 字林, 廣州記扶南傳 等의 諸書이다。 그러나 이들 문헌 들은 지금은 모두 散佚되어 이 책(該書)에 있어서도 그 대개를 인용한 데 불과하다。

가자미(小鰈)

큰 놈은 두자 정도이고, 모양은 광어(廣魚)를 닮았으나 더 넓고 두터우며 등에는 점(亂點)이 흩어져 있다. 점이 없는 놈도 있다. 〈역어유해〉(譯語類解)에서는 이것을 경자어(鏡子魚)라고 했다.

혜대어(長鰈)

몸은 좁고 길며 짙은 맛이 있다. 혜대어①의 모양은 마치 가죽신 바닥과 비슷하다.

돌장어(羶鰈)

큰 놈은 석자 정도로 몸은 혜대어와 같고 배와 등에 검은 점이 있다. 맛은 진한 노린내가 난다.

해풍대(瘦鰈)

몸은 수척하고 얄팍하다. 등에 흑점이 있다.

이상에 든 여러 가지 넙치가자미는 모두 국을 만들어도 좋고 구워 먹어도 좋다. 그러나 말려서 포를 만들면 좋지 않다. 이들 넙치가자미 무리는 동해산에 비하여 맛이 떨어진다.

서대(牛舌鰈)

크기는 손바닥만 하고 길이는 소의 혀 비슷하다.

루주매(金尾鰈)

왜가자미(小鰈)를 닮아 꼬리 위에 한 덩어리의 금비늘이 있다。

박대어(薄鰈)

서대를 닮았으나、그 작고 엷기가 종이같다。줄줄이 엮어서 말린다(이 둘을 이제 보충함)。

망 치 어 (小口魚)

망치어(小口魚) 俗名 : 망치어(望峙魚 mang-tchi-o)

큰 놈은 한 자 정도이고 모양은 도미를 닮았으나 높이는 더 높고 입이 작으며 빛깔이 희다。태(胎)에서 새끼를 낳는다。살이 찌고 연하며 맛이 달다。

도 어 (魛魚)

웅어(魛魚)

큰 놈은 한 자 남짓 된다。 반댕이(蘇魚)를 닮아 꼬리가 매우 길고、 색은 희며 맛이 극히 감미롭다。 회감으로 상등품이다。 살펴보면 지금의 웅어는 강에서 나고、 반댕이(蘇魚)는 바다에서 나지만、 이것은 한 종류이다。 곧 도어(魛魚)①가 그것이다。 〈이아〉(爾雅) 석어편(釋魚篇)에는 열멸도(鮤鱴刀)라 하였고、 〈곽주〉(郭注)에는 지금의 제어(鮆魚)라고 하면서 별명을 웅어라고 부른다고 기록했다。 〈본초강목〉에는 제어(鱭魚)②라 하면서 일명 제어(鮆魚)、 열어(鮤魚)、 멸도(鱴刀)、 도어(魛魚)、 조어(鰽魚)라고도 한다 했고、 〈위무식제〉(魏武食制)에서는 이 물고기를 망어(望魚)라고 기록하고 있다。 형병(邢昺)③에 의하면 구강(九江)④에 이 물고기가 있다고 했다。 이시진에 의하면 제(鱭)는 강호(江湖)에 서식하는 물고기로서 매년 三월에 나타난다고 하면서 모양은 좁고 길어서 엷기가 나무조각을 깎아 놓은 것 같기도 하고 길고 엷고 날카로운 칼 모양 같기도 하다 했다。 또한 비늘이 잘고 희며 살 속에 작은 가시가 많다고 했다。 〈회남자〉(淮南子)에는 제어는 국물만 마시되 먹지는 못할 물고기라고 설명했다。 〈이물지〉(異物志)에는 조어(鰽魚)는 초여름에 바닷속에서 물길을 거슬러 올라오는데、 길이가 한 자 남짓되고 배 아래가 칼과 같다고 하면서、 이것은 조조(鰽鳥)가 변한 것이라고 했다。 이에 의하면 웅어는 곧 도제(魛鱭)임을 알 수 있다。 〈역어유해〉(譯語類解)에서는 이 물고기를 도초어(刀鞘魚)라고 기록했다。

註 一 魛魚는 중국연안 및 揚子江(漢口까지) 및 黃河에서 난다。 中國 本土에서는 刀魚、 漢江에서는 鳳尾魚、 南京에서는 長尾魚 등으로 불린다。 南中國과 印度 방면에서도 비슷한 놈이 있다。

二 中國産의 魛魚(웅어)、 蘇魚、 鮤鱴刀、 鮆魚、 鱭魚、 鱴刀、 鰽魚、 望魚 등 물고기들은 우리나라 산의 웅어、 싱어、 밴댕이、 띠푸리 등을 혼동하여 부르고 있다。 실물을 채집해야 규명될 것이다。

三 邢昺은 宋代 사람으로 濟陰人、字는 叔明、太宗 때 九經及第하였고 金部郎中이 되었으며、眞宗이 翰林侍講學士를 두게 되자 이에 임명되었다。眞宗의 命을 받고 杜鎬、孫奭 等과 三禮、三傳、孝經、論語、爾雅等을 校定하다。

四 九江은 洞庭湖의 舊名으로 沅、漸、元、辰、敍、酉、澧、資、湘、九川이 합한 데서 이름한 것이다。

밴댕이(海鯽魚)

큰 놈은 六～七치 정도로 몸이 높고 엷다。색은 희고、맛은 달고 질다。흑산 바다에서는 간간이 이 물고기를 볼 수 있으며 망종 때부터는 암태도(岩泰島—全南新安郡에 속한 섬)에서 잡히기 시작한다。작은 놈(俗名 古蘇魚)은 크기가 三～四치 정도로、몸이 약간 둥글고 두텁다。

망 어 (鰙魚)

망어(鰙魚)(俗名에 따름)

큰 놈은 八～九자、몸이 둥글고 그 둘레는 三～四뼘쯤되며 머리와 눈이 작다(圍는 손아귀를 말함)。비늘은 아주 잘고 등은 검다(그 크기가 고등어 비슷하다)。매우 용감하여 능히 수십 자를 뛴다.

맛은 시고 짙어서 텁텁하고 좋지 않다. 〈역어유해〉(譯語類解)에서 발어(拔魚) 또는 망어(芒魚)라고 부르는 물고기가 이 망어(蟒魚)이다. 〈집운〉(集韻)에 위어(鮠魚)는 뱀과 비슷하다고 되어 있고, 〈옥편〉(玉篇)에 야어(鰤魚)는 뱀을 닮아 길이가 열자나 된다고 기록돼 있다. 이는 지금의 망어 종류인 것 같다.

註 一 蟒形龍은 구렁이 모양의 파충류의 일종(pythonsmorpha)으로 바다에 살며 큰 놈은 10丈 정도 된다.

대사어(黃魚)

큰 놈은 열자 정도이다. 모양은 망어와 같으나 약간 높으며 몸 전체가 황색이다. 성질은 용감하고 사나우며 급하다. 맛은 싱겁다.

승 대 어 (靑翼魚)

승대어(靑翼魚)

큰 놈은 두 자 정도, 목은 매우 크고 모두 뼈로 되어 있다. 머리뼈에는 살이 없고 몸이 둥글며 입가에 푸른 수염이 두 개 있다。 등은 붉다。 옆구리(脅) 곁에 날개가 있어 부채같이 갰다 폈다 한다。 빛깔은 푸르고 매우 선명하며 맛은 달다。

장대어(灰鰩魚)

크기는 한 자 남짓되고 모양은 승대어(靑鰩魚)를 닮았다。 머리와 뼈는 약간 평평하고 길다。 색은 황흑색(黃黑色)으로서 가슴지느러미가 발달되었고 날개는 승대어의 날개보다 약간 작고 그 색은 몸빛깔과 같다。

날 치 (飛魚)

날치(飛魚)

큰 놈은 두 자 조금 못되고 몸은 둥글며 푸르다。 날개가 있어 새와 같다。 푸른 색이 선명하고 한 번 펼치면 능히 수십 보를 난다。 맛은 매우 싱겁고 좋지 않다。 망종(芒種) 무렵 바닷가에 모여 산란(産卵)한다。 어부들은 불을 밝혀 가지고 작살로 잡는다。 그 산지(產地)는 홍의가가도(紅衣可佳島)①이나 흑산에서도 때때로 난다。

날치의 모양은 가치어(假鰨魚)를 닮았고 큰 지느러미가 날개와 같아서 곧잘 난다。 그 성질이 밝은 데를 좋아하여、 어부들이 밤을 이용하여 그물을 치고 불을 밝히면 날치는 이내 무리지어 날아와 그물에 걸린다。 그밖에도 사람들에게 쫓겨서 들판으로 날아가 떨어지기도 한다。 이것이 곧 문요어(文鰩魚)이다。 〈산해경〉(山海經)에는 다음과 같이 말하였다。 관수(觀水)는 서쪽으로 흘러 유사(流沙)②로 들어가는데、 이 관수에 문요어가 많다。 모양은 잉어와 같고 물고기의 몸에는 새의 날개가 있다。 푸른 무늬가 있고 흰 목에 붉은 부리를 가지고 있으며 밤에만 날아다닌다。 그 소리는 난계(鸞鷄)③와 같다。 〈여씨춘추〉(呂氏春秋)④에는 관수의 물고기 이름은 요(鰩)이며 그 모양은 잉어 같은데、 날개가 있어 항상 서해에서 동해로 날아다닌다고 기록되어 있다。 〈신이경〉(神異經)⑤에서는 말하기를、 동남해 중에는 따뜻한 호수가 있는데、 그 속에는 요어가 있는 바 길이가 여덟 자나 된다고 했고、 좌사(左思)의 〈오도부〉(吳都賦)에는 문요(文鰩)는 밤에 놀다가 줄에 걸린다 했고、 〈임읍기〉(林邑記)에는 날치는 몸이 둥글고 큰 놈은 열 자 남짓되며 날개는 호선(胡蟬)과 같고 출입할 때에는 떼를 지어 날아간다。 갈대가 우거진 그늘 속을 날다가 물에 들면 바다밑으로 헤엄쳐 들어간다고 했다。 〈명일통지〉(明一統志)⑥에는、 섬서성(陝西省)의 호현(鄠縣) 노수(澇水)에는 나는 물고기가 나타나는데 그 모양이 붕어(鮒) 같다고 했으며、 이 물고기를 먹으면 치질(痔疾)이 낫는다고 했다。 이 여러가지 설에 의하면 동서남 세 지방에는 문요가 산다。 그래서 고황(顧況)⑦이 신라(新羅)에 사신으로 가는 종형(從兄)을 보낼 적에 쓴 시(詩)에、 남명(南溟—남쪽에 있다는 큰 바다)에서 커다란 날개를 드리우고、 서해를 문요는 마신다고 했다。 우리나라의 바다에 문요가 서식한 때문에 이런 시를 읊은 것 같다。 또 〈습유기〉(拾遺記)⑧에 말하기를 선인(仙人) 영봉(甯封)이 나는 날치를 먹고 죽은 후 二백 년이 지나 다시 살아났다고 했다。〈유양잡조〉(酉陽雜俎)에 말하기를, 낭산낭수(郞山郞水)에 들고기가 있는데 길이가 한 자나 되며 곧잘 난다。날 때는 구름 사이를 넘고 쉴 때는 물속에 들어간다고 했다。〔단성식(段成式)의〕 말이 비록 괴이하기는 하지만 이 날치는 틀림없이 문요이다。또〈산해경〉에는 동수(桐水)⑩에 활어(鰼魚)가 많은 데 그 모양이 물고기 같고 새의 날개가 있어 들고날 적에는 번쩍거린다 했다。또한 효수(囂水)는 서쪽으로 흘러 우강(于河)⑪에 이르는데, 그 가운데 습어(鰼魚)가 많다。이 습어는 그 모양이 까치와 같고열 개의 날개가 있다。비늘은 날개 끝에 있다。또 저산(柢山)에 물고기가 있는데 그 모양이 소같고 뱀꼬리를 가졌으며 날개가 있다。날개는 옆구리 밑에 있어 거어(魼魚)라 한다 했다。이와 같은 종류는 모두 날치이다。그러나 〈산해경〉에서 말하는 이들 물고기는 항상 나타나는 것은 아니다。

(註) 一 紅衣可佳島는 全羅南道 新安郡 黑山面의 紅衣島와 可居島를 일컬음。一名 梅花島, 俗稱 紅島라고도함。可居島는 一名 小黑山島라고 함。

二 流沙는 중국 서방에 위치한 고비사막을 말함。

三 鸞鷄의 鸞은 神鳥, 鷄는 仙鳥。모두 仙人이 타고 다닌다는 새임。

四 呂氏春秋는 秦나라 丞相 呂不韋가 그 손(客)들로부터 들은 말을 적어 集論한 것으로서 전 二六권이다。

五 〈神異經〉은 一卷으로 舊本은 漢나라 東方朔 撰, 晋의 張華註考로 되어 있으나, 그 내용은 晋 이후의 僞作으로 보인다。거의 황당무계한 것이나 문장이 수려하므로 文章家들이 항상 인용한다。

〈隋志〉는 이것을 地理類에 넣고 〈唐志〉서는 神仙類에 넣었으며 四庫總目에는 小說類로 고치 편하였다。

六 〈明一統志〉는 九〇卷으로 明나라 李賢 등이 王命을 받들어 편찬한 책이다。이 책은 英宗때에 처음으로 출판되었으나 그후 亡失된 것을 淸나라 乾隆帝 때에 永樂大典中에서 여러 곳을 추려내어 復原했다。

七 顧況은 唐나라 至德年間의 進士로서 蘇州 사람이다。字는 逋翁、詩歌와 書畵에 能하였다。德宗때 부름을 받아 著作郞이 되었다。훗날 事件에 걸려 饒州司戶로 좌천되어 집을 야산 아래 짓고 스스로 華陽眞逸이라고 불렀다。著書에 〈華陽集〉이 있다。

八 〈拾遺記〉는 一〇卷(秦 王嘉 撰)으로 原本은 八九卷 二二〇篇이었으나、난리 중에 거의다 잃은 것을 梁蕭綺가 殘文을 수습하여 엮어서 열권으로 만들었다。내용은 위로는 三皇으로부터 아래로는 石虎事蹟에 이르며 매우 문장이 유려하다。

九 〈酉陽雜俎〉는 二〇卷으로 唐나라 段成式이 撰하였다。忠志、禮異、天咫 등 三〇篇으로 되어 있다。그 가운데 鑛・動・植物篇이 있다。신묘한 얘기들이 많다。題名은 梁元帝의 賦「訪酉陽之逸典」에서 땄다。이밖에 續集이 一〇卷 이다。

十 桐水는 安徽省 安慶府에 있다。

十一 于河는 山東省 濰縣에 있는 강으로 두 갈래가 있으며 두 支流가 合流하여 白狼河에 이른다。

노래미 (耳魚)

노래미(耳魚)

큰 놈은 두세 자 정도이고, 몸이 둥글고 길며 비늘이 잘고, 빛깔은 황색, 혹은 황흑색이다. 머리에 두 귀가 있어 파리 날개와 같다. 맛이 없다. 돌 사이에 산다.

쥐노래미 (鼠魚)

쥐노래미(鼠魚) 俗名 : 쥐노래미(走老南 chui-no-raem-i)

모양은 노래미(耳魚)를 닮았으나, 머리가 약간 날카롭게 뾰죽하다. 붉은 색과 검은 색이 서로 섞여 있으며, 머리에 또한 귀가 있다. 살이 푸르며 맛은 없다. 몹시 비린내가 난다. 대체로 물고기는 모두 봄에 알을 낳지만 노래미만은 가을에 산란(産卵)한다.

전 어(箭魚)

전어(箭魚)
큰 놈은 한 자 정도로、 몸이 높고 좁으며、 검푸르다。 기름이 많고 달콤하다。 흑산에도 간혹 나타나나 그 맛이 육지 가까운 데 것만은 못하다。

병 어(扁魚)

병어(扁魚)
큰 놈은 두 자 정도이다。 머리가 작고 목덜미가 움츠러들고 꼬리가 짧으며 등이 튀어나오고 배도 튀어나와 그 모양이 사방으로 뾰족하여 길이와 높이가 거의 비슷하다。 입이 매우 작고 창백하며 단맛이 난다。 뼈가 연하여 회(膾)나 구이(炙) 및 국(羹)에도 좋다。 흑산에서도 난다。
살피건대、 지금의 병어(甁魚)는 아마 옛날의 방어(魴魚)가 아닐까。 〈시경〉(詩經)에 방어는 꼬리가 붉다고 했다. 〈이아〉(爾雅) 석어편(釋魚篇)에는 방비(魴鮃)라 했고, 곽주(郭注)에서는 강동(江東) 방어를 편(鯿)이라 한다 했고, 일명 비(鮃)라고도 했다. 〈육기시소〉(陸璣詩疏)①에서는 방어는 넓적하고 살이 엷으며 순하고 힘이 약한 데다 비늘이 잘고 맛이 좋다고 했다. 〈정자통〉에서는 머리가 작고, 목덜미가 움츠러들며(縮項), 배가 나오고 등이 높고(穹脊), 비늘이 잘고 빛깔이 창백하며 배안의 기름이 매우 적다고 했다. 이시진은 말하기를 배가 넓고 몸이 납짝하며 매우 기름지고 살져서 맛이 우미(腴美)할 뿐 아니라 그 성질이 활수(活水)를 좋아한다고 했다. 이 여러가지 설에 의하면 방어의 모양은 흡사 병어(瓶魚)와 같다. 그러나 방어가 냇물에 서식한다고 기록되어 있음이 의심스런 점이다. 〈시경〉(詩經)에 이르기를 어찌 물고기를 먹는데 반드시 냇물의 방어뿐이겠느냐고 했다. 〈향어〉(鄕語)에는 이락(伊洛)의 잉어와 방어의 맛은 쇠고기나 양고기의 맛과 같다고 했고, 또 거취와 양량(粮粱)의 민물 방어에 대해서도 이야기 했다. 후한(後漢)의 마융전주(馬融傳注)에는, 한중(漢中)의 편어(鯿魚)는 매우 맛이 좋아서, 사람들이 고기잡는 것을 늘 금지하고, 뗏목으로써 물을 막았다. 그러므로 이것을 사두축항(槎頭縮項)이라고 했다. 편(鯿)은 곧 방(魴)이며, 이것은 냇물고기이라고 했다. 그러나 아직 병어(瓶魚)가 냇물에서 난다는 말을 듣지 못했다. 다만 〈산해경〉(山海經)만이 대편(大鯾)은 바다 가운데 있다고 말했으며, 그 주에 편은 곧 방이라고 했다. 이시진이 말하기를 그 크기가 二〇~三〇 근이나 되는 놈이 있다 했다. 즉 큰 방(어)는 바다고기라는 것이다.② 그러나 지금까지 병어로서 큰 놈을 아직 보지 못하였으니 그 말이 믿어지지 않는다.

註 一 〈陸璣詩疏〉는 三國吳의 陸璣가 쓴 毛詩草木鳥獸蟲魚疏를 말한다. 陸璣는 吳郡사람으로 字는

元格、官은 太子中庶子·烏程令 등을 역임했다.

二 우리나라 평남북지방의 바다에서는 덕대 (pampus echimogaster) 또는 고려병어라는 큰 병어(一二〇센티미터 이상)가 산출한다.

멸　　치 〔鯫魚〕

멸치(鯫魚)

몸이 매우 작고, 큰 놈은 서너 치, 빛깔은 청백색이다. 六월 초에 연안에 나타나 서리내릴 때(霜降)에 물러간다. 성질은 밝은 빛을 좋아한다. 밤에 어부들은 불을 밝혀 가지고 멸치를 유인하여, 함정(罹窟)에 이르면 손그물(匡網)로 떠서 잡는다. 이 물고기로는 국이나 젓갈을 만들며, 말려서 포도 만든다. 때로는 말려 가지고 고기잡이의 미끼로 사용하기도 한다. 가가도(可佳島)에서 잡히는 놈은 몸이 매우 클 뿐 아니라 이곳에서는 겨울철에도 잡힌다. 그러나 관동(關東)에서 잡히는 상품보다는 못하다. 살피건대 요즈음 멸치는 젓갈용으로도 쓰고, 말려서 각종 양념(庶羞)으로도 사용하는 것을 보는데 선물용으로는 천한 물고기다. 〈사기〉(史記) 화식전(貨殖傳)에는 이 물고기를 추천석(鯫千石)이라고 기록했고 〈정의〉(正義)에는 잡소어(雜小魚)라 했으며 〈설문〉(說文)에서는 추백어(鯫白魚)라고 했다. 〈운편〉(韻篇)에서는 멸치는 소어(小魚)라고 했다. 지금의 멸치가 곧 이 물고기이다。

정어리(大鯫)

큰 놈은 五~六치 정도이고 빛깔이 푸르고 몸이 약간 길다。 지금의 청어(靑魚)를 닮았다。 멸치보다 먼저 회유해 온다。

반도멸(短鯫)

큰 놈은 서너치 정도로、 몸은 조금 높고 살졌으며 짧다。 빛깔은 희다。

공멸(酥鼻鯫)

큰 놈은 五~六치、 몸이 길고 야위며 머리가 작다。 코부리(酥鼻)는 반 치 정도로、 빛깔은 푸르다。

말독멸(杙鯫)

반지(小鯫)와 같으며 빛깔도 또한 같다。 머리는 넉넉치 않고、 꼬리는 뾰죽하지 않다。 모양이 말뚝같다고 해서 이런 이름이 주어졌다。

대 두 어 (大頭魚)

무조어(大頭魚)

큰놈은 두 자가 조금 못된다。 머리와 입은 크나 몸은 가늘다。 빛깔은 황흑색이며、 고기맛은 달고 짙다。 조수(潮水)가 왕래하는 곳에서 놀 뿐 아니라、 성질이 완강하여 사람을 두려워하지 않으므로 낚시로 잡기가 매우 수월하다。 겨울철에는 흙탕물을 파고 들어가 칩거(穿居)한다。 이 물고기는 그 어미를 잡아먹기 때문에 무조어(無祖魚)라 부른다。 흑산에도 간간이 나타나지만 소량이어서 먹기가 어렵다。 육지 가까운 연해에서 잡히는 놈은 매우 맛이 좋다。 이밖에도 또 덕음파(德音巴)라는 물고기가 있다。

이 덕음파는 길이가 五~六치、 머리와 몸뚱어리가 모두 상칭적(相稱的)으로 빛깔은 누렇거나 또는 검은색이다。 가까운 해변에서 서식한다。

장동어(凸目魚)

큰 놈은 五~六치、 모양은 무조어(無祖魚)를 닮았다。 빛깔은 검고、 눈은 튀어나와 물에서 잘 헤엄치지 못한다。 즐겨 흙탕물 위에서 잘 뛰어 놀며 물을 스쳐간다。

뿡가리(鰲刺魚)

모양은 장동어를 닮아 배가 크고, 성이 나면 팽창해진다。등에는 가시가 있어, 사람이 이에 찔리면 아프다(原篇에 없기에 지금 이것을 補充함)。

無鱗類

가 오 리 (鱝魚)①

홍어(鱝魚)

큰 놈은 넓이가 六~七자 안팎으로 암놈은 크고 수놈은 작다。모양은 연잎(荷葉)과 같고、빛은 검붉고、코는 머리 부분에 자리하고 있으며 그 기부(基部)는 크고 끝이 뾰죽하다。입은 코 밑에 있고、머리와 배 사이에 일자형(一字形)의 입이 있다。② 등 뒤에 코가 있으며 코 뒤에 눈이 있다。꼬리는 돼지꼬리 같다。꼬리 중심부에 모지고 거친 가시가 있다。수놈에는 양경(陽莖)이 있다。그 양경이 곧 척추이다。모양은 흰 칼과 같다。그 양경 밑에는 알 주머니(囊卵)가 있다。

두 날개에는 가는 가시가 있어서 암놈과 교미할 때에는 그 가시를 박고 교합한다。암놈이 낚시 바늘을 물고 엎드릴 적에 수놈이 이에 붙어서 교합하다가 낚시를 끌어올리면 나란히 따라올라오는데、이때、암놈은 먹이 때문에 죽고 수컷은 간음 때문에 죽는다고 말할 수 있는 바 음(淫)을 탐내는 자의 본보기가 될 만하다。

암놈은 알을 낳는 문(產門) 외에 또 한 개의 구멍이 있는데、안으로 세 구멍과 통한다。가운데 구멍은 장(腸)의 양쪽으로 통하면서 태(胞)를 형성하고 있다。태 위에 알(卵) 같은 것이 붙어 있다。알이 없어지면 곧 태가 형성되어 새끼가 나타난다。태속에는 네다섯 마리의 새끼가

있다。〔상어도 새끼를 낳는 문 외에, 속에 세 개의 구멍이 있음이 홍어와 같다。〕

동지 후에 비로소 잡히나 입춘 전후에야 살이 찌고 제 맛이 난다。二~四월이 되면 몸이 쇠약해져 맛이 떨어진다。회 구이, 국, 포(鱠炙羹腊) 등에 모두 적합하다。나주(羅州) 가까운 고을에 사는 사람들은 즐겨 썩힌 홍어를 먹는데, 지방에 따라 기호(嗜好)가 다르다。배에 복결병(腹結病)이 있는 사람은 썩은 홍어로 국을 끓여 먹으면 더러운 것이 제거된다。이 국은 또 주기(酒氣)를 없애주는 데 매우 효과가 있다。그리고 또 뱀은 홍어를 기피하기 때문에 그 비린 물을 버린 곳에는 뱀이 가까이 오지 않는다。대체로 뱀에 물린 데에는 홍어의 껍질을 붙이면 잘 낫는다。

〈정자통〉에 말하기를, 홍어의 모양은 커다란 연잎과 같고 꼬리가 길고 마디가 나와 있어 사람을 찌를 수 있으며, 입은 배 밑에 있고 눈은 머리 위에 있다 했다。〈본초강목〉에는 홍어를 태양어(邰陽魚)—〈食鑑〉에는 少陽이라 했다), 하어(荷魚), 분어(鱝魚), 포비어(鯆魮魚), 번답어(蕃踏魚), 석려(石蠣)라고도 기록되어 있다。이시진은 말하기를 이 물고기의 모양은 반(盤) 및 연잎과 같고, 큰 놈은 둘레가 七~八자나 되고 비늘이 없으며, 살 속에 뼈가 있는데, 이 뼈는 연하여 먹을 수 있다고 했다。이는 모두 지금의 홍어를 가리킨 것이다。〈동의보감〉(東醫寶鑑)에는 홍어(洪魚)로 기록되어 있다。그러나 이것은 새끼 물고기의 호칭인지라 아마 음(音)이 홍(洪)인 점에서 잘못 기록된 것으로 생각된다。

囲 一 鱝魚는 모든 가오리 무리를 지칭하기도 한다。

二 直口는 一字形의 입을 말한다。

三 羅州 가까운 고을이란 오늘의 木浦 부근을 말한다。이 지방에서는 홍어를 약간 썩혀 먹는다。막걸리 안주로 최적이다。그래서 紅濁이란 숙어가 성립됐다。

四 이 복결병은 여자 배 안에 덩어리가 생기는 병으로, 고정된 것과 자리를 옮기는 것이 있다。이 병은 癥瘕 혹은 痞塊症이라고도 한다。

발급어(小鱝)

모양은 홍어를 닮았으나 작고, 넓이는 두세 자에 지나지 않는다。코는 짧고 약간 뾰죽하다。꼬리는 가늘고 짧으나 몹시 살이 쪄 있다。

간자(瘦鱝)

넓이는 한두 자에 지나지 않고, 몸이 몹시 야위었으며, 빛깔이 노랗고 맛이 없다。

청가오리(靑鱝)

큰 놈은 넓이가 십여 자에 달한다。모양은 홍어를 닮아 코가 편편하고 넓으며 등은 푸른 빛깔이다。꼬리는 홍어보다 짧고 송곳 모양의 가시(錐)가 있다。그 꼬리 가시는 꼬리의 四분의 一의 위치에 있다。가시에는 거꾸로 선 잔 가시가 돋아나 있어 낚시 미늘(鉤逆鐖)과 같다。이 미늘로 물체를 찌르면 들어박혀 빼기 어려우며 또한 때 독이 있다。(이하 四종의 꼬리가시가 다 그러하다)。외부의 적이 가오리를 침범하면, 그 꼬리를 흔들기를 마치 회오리바람 속의 잎새와 같이 한다。

이렇게 함으로써 적의 침해를 막는다. 〈본초습유〉(本草拾遺)에는 다음과 같이 기록되어 있다. 해요어(海鷂魚)는 동해에서 잡히는 물고기로서 이빨(齒)이 석판(石版)과 같으며, 꼬리에 큰 독이 있어 물체를 만나면 꼬리로 쳐서 잡아 먹는다. 이 꼬리로 사람을 치면 심할 때에는 죽기도 한다. 사람이 오줌을 누는 곳을 엿보아 이 꼬리독가시를 꽂으면, 음부(陰部)가 붓고 아프다. 그러나 가시를 빼버리면 곧 낫는다. 바닷사람들이 찔리면 어호죽(魚扈竹) 및 해달피(海獺皮)로써 독을 푼다(解蔵器). 지금의 청황묵(靑黃墨)의 여러 가오리 무리에는 전부 꼬리에 송곳 모양의 가시가 있다.

묵가오리(墨鱝)

모양은 청가오리와 비슷하나 빛깔이 검은 점이 다르다.

노랑가오리(黃鱝)

모양은 청가오리와 비슷하나 등이 노랗고 간에 기름이 많다.

나가오리(螺鱝)

모양은 노랑가오리를 닮았고 이빨(齒)이 목구멍(喉門)에 있다. 사치상어(四齒鯊)와 같이 울퉁불퉁하다. 뾰족한 것이 둥그렇게 벌려 서 있는 모양이 소라의 목(螺頸)과 같다.

매가오리(鷹鱝)

큰 놈은 넓이가 수십 장(丈)에 달하고 모양은 홍어를 닮았다。 매우 크고 힘이 세다。 용기를 내어 그 어깨를 일으킬 때 보면 새를 나꿔채는 매를 닮은 데가 있다。 뱃사람이 닻돌(石丁)을 내리다가 간혹 그 몸을 건드리면 성이 나 어깨를 세워가지고 어깨와 등 사이에 파인 홈에 닻줄을 업고 달린다。 배는 나는 듯이 끌리어 가고、 닻을 올리면 그에 따라 현(舷)에 올라오므로 뱃사람들은 이를 두려워하여 그 닻줄을 잘라 버린다。 〈위무식제〉(魏武食制)에 의하면 번답어(蕃踏魚)의 큰 놈은 모양이 키(箕=챙이)와 같고 꼬리의 길이는 一~二자나 된다고 했다。 이시진은 말하기를 큰 놈은 둘레가 七~八자나 되는데、 매가오리의 큰 놈은 아무도 아직 못보았다고 했다。 매가오리의 꼬리 송곳가시(尾錐)는 강하고 예리하여 성날 때에 이 가시로 치면 고래도 갈라진다고 했다。

해 만 리 (海鰻鱺)

장어(海鰻鱺)

큰 놈은 길이가 십여 자、 모양은 뱀과 같으나 크기는 짧으며 빛깔은 검으스름하다。 대체로 물고기는 물에서 나오면 달리지 못하나、 이 물고기만은 유독 곧잘 달린다。 뱀처럼 머리를 자르지 않으면 죽지 않는다。 맛이 달콤하며 사람에게 이롭다。 오랫동안 설사를 하는 사람은 이 고기로 죽을 끓여 먹으면 이내 낫는다。 〈일화자〉(日華子)①에서 이르기를, 해만리는 일명 자만리(慈鰻鱺)·구어(狗魚)라 하고 동해에서 나는데, 장어를 닮아 크다고 했다。 곧 이 물고기를 가리키고 있다。

註 一 〈日華子〉의 海鰻鱺는 바다산을 말하며 속명의 장어(鰻鱺)는 민물의 뱀장어를 가리키는 것 같다。

붕장어(海大鱺)

눈이 크고 배 안이 묵색(墨色)으로서 맛이 좋다。

갯장어(犬牙鱺)

입은 돼지같이 길고 이(齒)는 개(犬)와 같아서 고르지 못하다。 뼈가 더욱 견고하여 능히 사람을 물어삼킨다。 해리(海鱺)는 사철 볼 수가 있다(그러나 깊은 겨울에는 낚이지 않고 석굴〔石窟〕에 엎드려 있다)。 일부에서는 말하기를 알을 배고 태를 낳은(孕卵孕胎) 물고기라고 한다。 혹은 뱀이 변한 물고기라고도 한다(본 사람이 매우 많다)。 그만큼 이 물고기는 매우 번성한다。 대개 석굴(石窟) 안에서는 수없이 무리지어 뱀으로 변한다고 하나 반드시 다 그렇다고는 볼 수 없다。

창대(昌大)는 지난 날 태사도(苔士島)① 사람이 해리(海鱺)의 배 안에 알이 있었는데, 그 알이 구슬과 같고, 뱀의 알을 닮은 것을 보았다고 말하는 것을 들은 적이 있으나 아직 확인하지는 못했다고 한다。

〈조벽공잡록〉(趙辟公雜錄)에는 만리어는 수컷만 있고 암컷이 없으므로 예어(鱧魚：가물치)가 비치면 그 새끼를 곧 예어의 지느러미에 부착하여 낳는다고 했다。이런 까닭에 만리(鰻鱺)라고 부른다고 했다。그러나 유수(流水)에서 낳는 놈은 그렇다고 하더라도 바다에서 낳는 놈은 바다에 예어가 없으니 어느 곳에서 퍼져 부식할 수 있는지、아직은 밝혀지지 않았다。

㊟ 一 苔士島 : 全羅南島 新安郡 黑山面 三苔島를 말함。

대광어(海細鱺)

길이는 한 자 정도이고 몸은 가늘기가 손가락 같으며 머리는 손끝과 같다。빛깔은 검붉고 껍질은 미끄럽다。흙탕 속에 엎드린다。포를 만들면 맛이 좋다。

해 점 어 (海鮎魚)

바다메기(海鮎魚)

큰 놈은 길이가 두 자를 넘고 머리가 크고 꼬리가 뾰죽하다。눈은 작고 등은 푸르며、배는 누렇고 수염이 없다(淡水에 사는 놈은 누렇고 수염이 있다)。고깃살은 매우 연하다。뼈도 무르다。맛은 싱겁고 곧잘 술 병(酒病)을 고친다。

홍달어(紅鮎)

큰 놈은 두 자가 조금 못되고 머리는 짧으며 꼬리는 뾰족하지 않다。몸은 높고 좁으며 빛깔은 붉다。맛은 감미롭고 구이에 좋으며 바다메기보다 낫다。

포도메기(葡萄鮎)

큰 놈은 한 자 남짓되고 모양은 홍달어(紅鮎)를 닮았다。눈알은 튀어나오고 빛깔은 검다。알은 녹두와 같은데、수없이 모여서 어울어진 모양이 마치 닭이 알을 품은 것과 같다。자웅이 서로 안고 돌 틈에 엎드려 새끼를 낳는다。침 흘리는 어린애에게 구워서 먹이면 약효가 있다。

골망어(長鮎)

큰 놈은 두 자 남짓되고、몸은 야위며 길다。입이 약간 크고 맛이 싱겁다。

복 전 어 (魨魚)

검복(黔魨)

큰 놈은 두세 자 되고 몸은 둥굴며 짧다。입은 작고 이빨은 고르며 아주 단단하다。성이 나면 배가 부풀어 오르고 이빨을 바득바득 가는 소리가 난다。 껍질이 단단하여 기물(器物)을 상하게 한다。

맛은 달콤하며 다른 여러 돈어(魨魚)에 비하여 독이 적다。 잘 삶아서 기름을 쳐 먹는다。 불을 피울 때、 대나무를 사용하면 그슬러지지 않는다。

〈본초〉에는 하돈(河豚)을 일명 후이(鯸鮧：鯸鮐라고 쓰기도 한다)、 호이(鰗鮧)、 규어(鯢魚) (鮭라고 쓰기도 한다)。 진어(嗔魚)、 취두어(吹肚魚) 및 기포어(氣包魚)라고 한다 했으며、 〈마지〉(馬志)에는 하돈은 강이나 바다의 어느 곳에나 서식한다고 했다。 진장기(陳藏器)가 말하기는 배는 희고、 등에는 붉은 줄이 있어 도장(印)과 같으며、 눈을 곧잘 떴다 감는다고 했다。 그리고 다른 물건ㅣ 닿으면 곧 화를 내어 배가 부풀어 올라 기구(氣毬)와 같이 떠오른다고 했다。 이시진(李時珍)은 이르기를 모양은 올챙이(蝌斗)와 같고 등은 청배색이며、 배는 통통하고 기름져 서시유(西施乳)①라 한다고 했다(〈본초강목〉에 나옴)。 이들 물고기는 모두 검복(黔魨)이다。

註 一 西施乳는 唐나라 절세미인 「西施」의 유방을 닮았다 하여 붙여진 이름이다。

까치복(鵲魨)

몸은 조금 작은 편이며 등에 무늬가 있다。 이 까치복에는 강한 독이 있으므로 먹어서는 안된다。

이시진은 이르기를、 하돈(河豚)의 빛깔은 새까맣고、 반점이 있는 놈을 반어(斑魚)라 부르는데 심한 독이 있어서 三월 이후에는 이를 먹어서는 안된다고 했다(〈본초강목〉에 나옴)。 이 물고기가 끝 지금의 까치복이다。 대체로 복어는 거의 독이 있다。

진장기(陳藏器)가 이르기를, 바다의 복어가 가장 독이 많고 강물의 복어는 독이 약하다고 했다。 관종석(冠宗奭)은 말하기를, 그 맛은 진미(眞味)이나 요리를 할 때에 잘못 조리해 먹으면 사람이 죽는다。 이는 복어의 간과 알에도 강한 독이 있기 때문이다고 했다。 진장기도, 입에 넣으면 혀가 굳어지고 배안에 들어가면 장이 굳어지는데 그에 대한 약이 없으니, 부디 삼가하여 먹어야 한다고 했다。

밀복(滑魨)

몸이 작고 회색바탕에 검은 무늬가 있으며 미끄럽다。

까칠복(澁魨)

빛깔은 노랗고 배에는 잔 가시가 있다。

졸복(小魨)

밀복(滑魨)을 닮아 몸이 매우 작다。 큰 놈은 七~八치에 불과하다。 대체로 육지에서 가까운 바다에 서식하는 복어는 곡우(穀雨)가 지난 후, 냇물을 따라 수백 리를 거슬러 올라와 알을 낳는다。 외양(外洋)에 서식하는 놈은 물이 교류하는 곳에서 알을 낳는다。 혹은 부레가 부풀어 올라오면 수면에 뜨게 된다。

가시복(蝟魨)

모양은 복어를 닮아 온 몸에 가시가 돋아나 있다。흡사 고슴도치 같다。창대는 말하기를 물가에 떠밀려온 놈을 단 한 번 본 일이 있다고 했다。크기는 한 자에 불과하다。그 용도는 아직 듣지 못하였다。

흰복(白魨)

큰 놈은 한 자 정도로 몸이 가늘고 길다。빛깔은 순백색이고 큰 놈에는 붉은 무늬가 있다。맛은 달다。때로는 어망에도 들어오나 대개는 장마 철에 냇물이 넘칠 적에 물을 따라 거슬러 올라오는 놈을 광(筐—대광주리)을 쳐놓고 잡는다。

오 징 어 (烏賊魚)

오징어(烏賊魚)

큰 놈은 몸통이 한 자 정도다。몸은 타원형으로서 머리가 작고 둥글며、머리 아래에 가는 목이 있다。목 위에 눈이 있고 머리 끝에 입이 있다。입 둘레에는 여덟 개의 다리가 있어 굵기가 큰 쥐의 꼬리만하며 길이는 두세 치에 불과한데、모두 국제(菊蹄)가 붙어 있다(團花가 국화꽃 모양으로 양쪽에 맞붙어 줄을 지어 있으므로 이런 이름이 생겼다)。이것을 가지고 앞으로 나아가기도 하고 물체를 거머잡기도 한다。그 발 가운데는 특별히 긴 두 다리가 있다。그 두 다리의 길이는 한자 다섯치 정도로 모양이 회초리와 같다。이 긴 다리에는 말 발굽과 같은 단화(團花)가 있다。이것으로 어떤 물체에 달라 붙는다。전진할 때에는 거꾸로 곤두서서 가기도 하고 그대로 순순히 가기도 한다。이들 다리에는 모두 타원형의 긴 뼈가 있다。이 오징어의 살은 대단히 무르고 연하다。알(卵)이 있다。가운데에 있는 주머니에는 먹물이 가득 차 있다。만일 적이 나타나 침범하면 그 먹물을 뿜어 내어 주위를 가리는데、그 먹으로 글씨를 쓰면 빛깔이 매우 윤기가 있다。단 오래되면 벗겨져서 흔적이 없어진다。그러나 다시 바닷물에 넣으면 먹의 흔적이 새로와진다고 한다。등은 검붉고 반문이 있다。맛은 감미로와 회나 마른포 감으로 좋다。그 뼈는 곧잘 상처를 아물게 하며 새 살을 만들어 낸다。뼈는 또한 말이나 당나귀 등의 등창을 고친다。이들의 등창은 오징어뼈가 아니면 고치기 어렵다。

살펴보면 〈본초강목〉에서는、오징어(烏賊魚)의 일명을 오즉(烏鰂)、묵어(墨魚) 또는 남어(纜魚)라 하고 그 골명(骨名)은 해표초(海螵蛸)라 한다고 기록해 있다。〈정자통〉에 이르기를 즉(鰂)은 일명 흑어(黑魚)라고 하는데 그 모양은 산가지 주머니(算袋)와 같다고 했다。소송(蘇頌)이 이르기를 모양은 가죽주머니 같고 등 위에 단 하나의 뼈가 있는데、그 모양은 작은 배와 같다。배(腹) 안의 피나 쓸개가 바로 이 먹인 것 같다。이 먹으로 글자를 쓸 수 있다。그러나 쓴 후 一년이 넘으면 곧 소멸한다。 먹을 품고 있어 예의를 아는 까닭에 속담에 이것을 해약백사소리(海若白事小吏)라고 부른다。 이상은 이 오징어를 말한다。

진장기(陳藏器)가 이르기를, 이것은 진왕(秦王)이 동쪽으로 행차하였을 때에 산대(算袋)를 바다에 버렸는데 그것이 변하여 이 오징어로 화하였다고 했다。 그러므로 산대를 닮아 항상 먹(墨)이 배 안에 있다고 했다。 소식(蘇軾) 어설(魚說)에 이르기를, 오징어는 다른 물체가 자기를 엿보는 것을 두려워 하여, 물을 붉게 해서 자기를 가리는데, 해오(海烏)는 이것을 보면 그것이 물고기인 줄을 알고 잡는다 했다。 소송(蘇頌)에 의하면 도은거(陶隱居)라는 사람이 말하기를 오징어는 물새(鷃烏)가 변한 것이어서 그 입이나 배가 물새를 닮았으며, 또 배안에 먹이 있어 사용할 수 있게 되어 있으므로 오즉(烏鰂)이라는 이름이 붙여졌다 했다。 〈남월지〉(南越志)①에는, 까마귀를 즐겨 먹는 성질이 있어서 날마다 물 위에 떠 있다가 날아가던 까마귀가 이것을 보고 죽은 줄 알고 쪼으려 할 때에 발로 감아 잡아 가지고 물속으로 끌고 들어가 잡아먹는다고 했다。 그래서 오적(烏賊)이라는 이름이 주어졌다고 했다。 까마귀를 해치는 도적이라는 뜻이다。 이시진이 말하기를, 나원(羅願)이 편한 〈이아익〉(爾雅翼)②에는, 九월에 한오(寒烏)가 물에 들어가서 변하여 오징어가 되었다고 했다。 또한 먹이 있다는 것을 원칙으로 하므로 오즉이라 하는데, 즉(鰂)은 곧 즉(則)이라 했다。 이 여러 가지 설(說)에 의하면 혹은 산대(算袋)가 변한 것이라 하고 혹은 붉은 물(煦水) 때문에 오히려 까마귀에게 해되는 바가 있다고 했고, 혹은 거짓으로 죽은 체하여 까마귀를 잡아 먹는다고도 했고, 혹은 물새(烏鷃)가 변하였다고도 하며, 혹은 한오(寒烏)가 변하였다고도 했다。 그러나 아직까지 실상을 보지 못하여 사실을 알 수 없다。 내 생각에는 오적은 혹

한(黑漢)이라고도 하는데, 그것은 먹을 품은 데서 나온 이름으로, 훗날에 물고기 어(魚) 변을 붙여 오적으로 만들은 것 같다. 사람들이 이것을 생략하여 즉(鰂)으로 만들고 또 즉(鯽)으로 만들었으며 혹은 와전되어 「죽죽」으로 되었는데, 별다른 뜻이 있어서 만들어진 이름은 아니다.

㊟ 一 南越志는 沈懷遠이 撰한 책이나 지금은 完本이 없다. 〈嶺表錄〉 중에서 볼 수 있을 따름이다.

二 爾雅翼은 三十二卷으로 宋나라 羅願이 撰하였다. 이책에는 生物을 草木鳥獸虫魚 등 六種類로 나누고 있는데, 그분류는 대개가 埤雅의 분류와 비슷하나, 인용한 데가 정확하고 持論이 근엄하다. 그 音釋은 元나라 洪焱祖가 만들었다.

고록어(鰇魚)

큰 놈은 길이가 한 자 정도되고, 모양은 오징어를 닮았는데 몸이 좀더 길고 좁으며, 등판이 없고 뼈만 있다. 뼈는 종이장처럼 엷다. 이것이 등뼈이다. 빛깔은 붉으스름하고 먹(墨)을 가지고 있으며 맛은 약간 감미롭다. 나주(羅州) 북쪽에 대단히 많다. 三~四월에 잡아 젓갈을 만든다. 흑산에서도 잡힌다. 〈정자통〉에 유(鰇)는 유(柔)와 통한다 했다. 오징어를 닮아 뼈가 없으며, 바다에서 나는데 월인(越人)들이 귀중히 여긴다고 했다(〈本草綱目〉에도 그렇게 적고 있다). 이들은 모두 지금의 고록어(高祿魚)를 말한다. 단 주머니(算囊)가 없고 가는 뼈가 있다. 전혀 뼈가 없는 것은 아니다.

문 어(章魚)

문어(章魚)

큰 놈은 길이가 七~八자(東北에서 나는 놈은 길이가 사람의 두 키 정도된다)、머리는 둥글고、머리 밑에 어깨뼈처럼 여덟 개의 긴 다리가 나와 있다。다리 밑 한 쪽에는 국화꽃과 같은 단화(團花)가 서로 맞붙어서 줄을 이루고 있다。이것으로써 물체에 흡착한다。일단 물체에 붙고나면 그 몸이 끊어져도 떨어지지 않는다。항상 석굴(石窟)에 엎드려 있으면서、그 국화 같은 발굽을 사용하여 전진한다。여덟 개의 다리 복판에는 한 개의 구멍이 있는데 이것이 입(口)이다。입에는 이빨이 두개 있다。이빨은 매(鷹)의 부리와 같이 매우 단단하고 강하다。물에서 나와도 죽지는 않으나、그 이빨을 빼면 곧 죽는다。배와 장(腸)이 거꾸로 머리 속에 있고、눈은 그 목에 있다。빛깔은 홍백색으로서 그 껍질의 막(膜)을 벗기면 눈같이 희다。국제(菊蹄——국화 모양의 발굽이라는 뜻)는 붉은 빛깔이다。맛은 달며、전복과 비슷하여 회에 좋고 말려 먹어도 좋다。배 안에 물체가 있는데 시속에서 부르기를 온돌(溫堗)이라고 한다。이 온돌은 능히 종기(瘡根)를 고친다。물에 개어 단독(丹毒——피부병의 일종)에 바르면 신통한 효과가 있다。

살피건대 〈본초강목〉에서는 장어(章魚)를 일명 장거어(章擧魚)、희어(鱚魚)라 했고、이시진은 남해산은 모양이 오징어와 같고 크며 여덟 개의 다리가 있는데다 몸에 살이 붙어 있다 했으며、한퇴지(韓退之)는 「章擧馬甲柱鬪以怪自呈」이란 모두 다 지금의 문어(文魚)를 말함이다。또 〈영남지〉(嶺南志)에 의하면 장화어(章花魚)는 조주(潮州)에서 산출되는 바 그 몸에는 눈같이 흰 살이 있다고 했다. 〈자휘보〉(字彙補)①의 〈민서〉(閩書)②에는 장어(鱆魚)의 일명을 망조어(望潮魚)라고 했다. 이 또한 모두 문어를 말하고 있다. 우리나라에서는 팔초어(八稍魚) 라고 부른다. 동월(董越)의 〈조선부〉(朝鮮賦)③에는 이를 금문(錦紋)·이항(鮐項)·중순(重脣)④ 및 팔초(八梢)라 했고, 자주(自注)에서는 팔초는 곧 강절(江浙)의 망조(望朝)이며, 맛이 매우 좋지 않고, 그 큰 놈은 길이가 四~五자라고 했다. 〈동의보감〉(東醫寶鑑)에는 팔초어는, 맛이 달고 독이 없고, 몸에 여덟 개의 긴 다리가 있으며 비늘과 뼈가 없다. 일명 팔대어(八帶魚)라고도 부르며 동북해(東北海)에서 난다 했다. 속명(俗名) 문어가 곧 이것이다.

㊟ 一 字彙는 明의 梅膺祚가 찬한 일종의 辭書이며 〈字彙補〉는 清의 張自烈이 訂正增補한 것이다.

二 〈閩書〉는 一五四卷·明나라 何喬遠이 撰한 책이다. 민(閩 : 지금의 福建省지방)에 관한 郡邑各志를 前代에 記載된 것을 참고로 하여 편찬함. 이 책은 二二부문으로 나뉘어져 있다.

三 朝鮮賦는 明나라 董越이 撰한 것으로 一卷으로 되어 있다. 明의 孝宗이 即位年(朝鮮成宗十八年)에 董越을 朝鮮에 보내어 見聞한 것으로써 賦를 짓게 한 데서 저술된 것이다. 그 내용은 土地의 沿革, 風俗의 변천, 山川, 亭館, 人物, 畜產 등이 자세히 기록되어 있다.

四 錦文은 錦鱗魚를, 鮐項은 鯸目魚를, 重脣은 重脣魚를 말한다.

낙지(石距)

큰 놈은 四~五자 정도이고 모양은 문어(章魚)를 닮았으나, 발이 더 길다. 머리는 둥글고 길며, 즐겨 진흙탕 구멍 속에 든다。 九~一〇월이면 배 안에 밥풀과 같은 알이 있는데 즐겨 먹을 수 있다。 겨울에는 틀어박혀 구멍 속에 새끼를 낳는다。 새끼는 그 어미를 먹는다。 빛깔은 하얗고 맛은 감미로우며, 회나 국 및 포에 좋다。 이를 먹으면 사람의 원기를 돋운다。〔말라빠진 소에게 낙지 서너 마리를 먹이면 곧 강한 힘을 갖게 된다。〕

소송(蘇頌)에 의하면 문어와 낙지 등은 오징어를 닮은 것으로서 그 차이가 크지만 둘다 즐겨 먹을 수 있는 생물이라고 했다。〈영표록이기〉(嶺表錄異記)에는 낙지는 몸이 작고 다리가 길며 소금에 절여 구워 먹으면 맛이 아주 좋다고 했다。 이 낙지가 지금의 낙제어(絡蹄魚)이다。〈동의 보감〉(東醫寶鑑)에는 소팔초어(小八梢魚)라는 생물은 성질이 순하고 맛이 달며 속명(俗名) 낙제라 했다。〔속에 말하기를 낙제어는 뱀과 교합한다고 한다。 그러므로 잘라 보아서 피가 흐르는 놈은 버리고 먹지 말아야 한다고 했다。 그러나 낙지는 스스로 알을 가지고 있다。 반드시 다 뱀이 되는 것은 아닐 것이다。〕

죽금어(鱒魚)

크기는 四~五 치에 불과하다。 모양은 문어를 닮았으나 다리가 짧다。 겨우 장어의 반밖에 되지 않는다。

해 돈 어(海豚魚)

상광어(海豚魚)

큰 놈은 一○자 남짓된다. 몸은 둥굴고 길며 검은 빛깔이 큰 돼지와 비슷하다. 유방과 사처(私處)①는 부인의 그것과 유사하다. 꼬리는 옆에 있고(대체로 물고기 꼬리는 모두 배의 키와 같다. 그러나 이놈만은 유독 옆에 나와 있다) 장부(臟腑)는 개를 닮았다. 나아갈 때에는 반드시 무리를 이룬다. 물밖으로 나오면 쌕쌕하는 소리를 낸다. 기름이 많고, 한 입에 일분(一盆)의 물을 담북 머금어 가지고 곧장 위로 품어낸다.

흑산에 가장 많다. 그러나 지방사람들은 그 잡는 방법을 모른다. 진장기(陳藏器)는 이르기를 해돈(海豚)은 바다에서 나고, 바람이나 조수를 살펴보고 나서 출몰하며, 모양은 돼지같고 코는 뇌(腦) 위에 있다. 소리를 내면서 물을 곧장 위로 뿜는다. 수백 마리가 무리를 짓는다. 그중에는 곡지(曲脂)가 있다. 이 곡지로 등불을 밝혀 도박장(樗蒲)에 비치면 곧 환해지나 책 읽고 공작(工作)하는데 비치면 곧 어두워진다. 속담에 이 생물은 게으른 여자(懶婦)가 변한 놈이라 했다. 이 시진의 말에 의하면 큰 놈은 그 생김새가 수백 근이 되는 돼지모양 같고 형색이 검푸른 것이 점어(鮎魚) 같으며 또한 두 개의 젖이 있고, 자웅(雌雄)이 있는 점은 사람과 유사하다. 두세 마리가 함께 전진하면서 물 위에 떴다 가라앉았다 하는데, 이것을 배풍(拜風)이라고 한다. 그 뼈는 단단하고 살진 편이나 기름이 많아서 먹을 수는 없다고 했다(〈本草綱目〉에 나옴). 해돈어(海豚魚)의 형상은 지금의 상광어(尙光魚)가 아닐까 한다〈본초강목〉에는 해돈어는 일명 해희(海狶), 기어(鱀魚), 참어(饞魚), 부포(鯆魳)라 하는데 강물에 서식하는 놈은 강돈(江豚), 강저(江猪), 수저(水猪)

라고 했다. 〈옥편〉(玉篇)에는 전부어(鱄鮬魚 또는 鰌魚라고 이름)는 일명 강돈(江豚)이라고 부르는데, 바람이 일어나려 할 때 솟아난다고 한다. 지금의 뱃사람들은 상광어(尙光魚)가 출몰하는 것을 보고 풍우(風雨)를 점친다고 한다. 또 〈설문〉(說文)에 이르기를 국어(鮹魚)라는 이름이 낙랑번국(樂浪潘國)에서 나왔는데, 한 마디로 강동(江東)에서 나며 두 개의 젖이 있다고 한다. 〈유편〉(類編)에 말하기를 국(鮹)은 전(鱄)이라고 한다. 이것은 역시 해돈어(海豚魚)이다. 지금 우리나라 서남 바다에는 이 해돈어가 서식한다. 따라서 낙랑(樂浪)에 나타난다는 말은 그럴싸하다. 또 〈이아〉(爾雅) 석어편(釋魚篇)에 말하기를 기(鱀)는 곧 축(鱁)이라 했다. 곽주(郭注)에는 기(鱀)는 몸이 심어(鱏魚)를 닮았고 꼬리는 국어(鮹魚)와 같고 배가 크며 입부리가 작고 날카로우며, 긴 이빨은 고르게 잘나와 위아래가 서로 잘 맞고, 코는 이마 위에 있어 소리를 내며 고깃살은 적고 기름이 많으며 태생이라 한다. 이것도 또한 해돈어(海豚魚)를 닮았다고 한다.

註 ㅡ 私處는 여자의 음부를 말함

인 어(人魚)

인어(人魚)

모양은 사람을 닮았다.

살피건대 인어(人魚)의 설은 대개 다섯 갈래로 나누어진다.

첫째는 제어(鯑魚)이다. 〈산해경〉(山海經)에 말하기를 휴수(休水)는 북쪽 낙(雒——洛水)으로 흐르는데, 그 물 가운데에는 포어(鮪魚)가 많고, 모양은 칩유(蟄蜼)와 같아 길다 했다. 〈본초〉(本草)에 의하면 포어는 일명 인어(人魚), 해아어(孩兒魚)라고 했다. 이시진에 의하면 강호(江湖) 가운데 서식하며 모양이나 빛깔이 모두 점위(鮎鮠)와 같고 아가미와 그 언저리가 삐걱삐걱하는데 그 소리가 아이 우는 소리와 같다고 하여 인어라는 이름이 주어졌다고 한다. 이것은 강호에서 서식한다. 다른 하나는 예어(鯢魚)이다. 〈이아〉(爾雅) 석어편(釋魚篇)에서는 예(鯢)가 큰 놈을 하(鰕)라고 했다.

곽주(郭注)에서는, 예어는 상광어를 닮아 다리가 네 개 있는데, 앞다리는 원숭이를 닮았고, 뒷다리는 개를 닮았으며 소리는 어린아이가 우는 소리와 같다고 하면서 큰 놈은 八~九자나 된다고 했다. 〈산해경〉(山海經)에는 결수(決水)에 인어가 많은데, 그 모양은 제(鯷)와 같고 네발이 있으며 소리는 어린아이의 소리와 같다고 했다. 도홍경(陶弘景)의 본초주(本草注)에는, 인어는 형주(荊州) 임저현(臨沮縣) 청계(靑溪)에 많이 있다고 했다. 그 기름은 불을 붙여도 잘 소모되지 않는데, 진시황의 여산총(驪山塚) 속에 사용한 기름이 곧 이것이라고 한다(〈史記〉 始皇本紀에 驪山을 다스리는 데에 인어의 기름으로 촛불을 밝혔는데 금방 타지 않고 오래 간다고 했다).

〈본초강목〉에는 예어(鯢魚)를 일명 인어(人魚), 일명 납어(魶魚), 일명 탑어(鰨魚)라 했다. 이시진은 말하기를 산골물 속에서 나며, 모양이나 소리가 다 제(鯑)와 같다고 했다. 단, 능히 나무에 오르는 놈은 예어이다. 세속에서는 점어(鮎魚)도 나무에 오르내릴 수 있다 했다. 즉 바다의 고래(鯨)와 같은 이름이다. 이 물고기는 산골물에 서식한다. 대체로 제(鮷)와 예(鯢)는 그 모양과 소리가 서로 비슷하나 강물과 산골물에 서식하며 나무에 오른다는 차이가 있다. 그러므로 〈본초강목〉에서는 이것을 분류하여 모두 무린어부(無鱗魚部 비늘이 없는 물고기) 에 넣었으나 실은 모두 같은 종류로서 전부가 다 역어(鯣魚)이다. 〈정자통〉에 이르기를 역(鯣)은 모양이 상광어와 같고 네 발이 있고, 꼬리가 길며 소리는 어린아이를 닮고 대나무에 오르기를 좋아 한다 했다. 또 말하기를 역어는 곧 바닷속의 인어(人魚)로서, 눈썹, 귀, 입, 코, 손, 손톱, 머리를 다 갖추고 있으며 살갗이 희기가 옥과 같고, 비늘이 없고 꼬리가 가늘다. 오색의 머리가 말꼬리와 같고 길이가 대여섯자이다. 몸의 길이도 또한 대여섯 자이다. 임해(臨海) 사람이 이것을 잡아 못 속에 길렀더니 암수컷이 교합함이 사람과 다를 바 없었다고 한다 했다. 곽박(郭璞)에 의하면 인어를 이렇게 찬하고 있다(人魚는 사람과 같다 하여 魜字를 쓴다). 대저 역어는 나무 위에 올라 어린아이 울음소리와 같은 소리를 내는데, 그런 까닭에 제예(鮷鯢)와 비슷하다고 하나 그 형색이 각각 다른 것으로 보아 이것은 아마 다른 인어(魜)일 것이다. 또 다른 하나는 교인(鮫人)이다. 좌사(左思)의 〈오도부〉(吳都賦)에 이르기를, 영기(靈夔)와 교인(鮫人)을 심방한다고 했으며, 〈술이기〉(述異記)에 이르기를 교인은 물 속에서는 물고기와 같으나 옷을 버리지 않으며, 또 눈이 있어 곧잘 우는데 눈물이 곧 구슬로 된다고 했다. 또 이르기를 교초(鮫綃) 또는 용사(龍紗)는 그 값이 백여금(百餘金)이나 되는데, 이것으로 옷을 만들어 입으면 물에 들어도 젖지 않는다고 했다. 〈박물지〉(博物志)에서 말하기를, 교인(鮫人)은 물 속에서는 물고기와 같은 생활을 하나 옷을 버리지 않는다고 하며 때로는 인가(人家)에 들려 비단을 사는데, 떠날 때에는 주인집에서 그릇을 찾아가지고 운 다음 그 눈물이 구슬이 된다고 하면서 구슬을 쟁반에 가득 채워 주인에게 준다고 한다。 이는 대체로 믿어지지 않는 괴이한 풍설로서 직초읍주(織綃泣珠)의 설(說)은 거짓일 것이다。 아마 옛사람들의 말이 전화(轉化)되어서 서로 이렇게 말해지고 있는 것일 것이다。 〈오도부〉(吳都賦)에서는 말하기를 「泉室潛織而卷綃淵客慷慨而泣珠」라 하고、유효위(劉孝威)의 시(詩)에는 「蜃氣遠生樓鮫人近潛織」이라 했으며、〈동명기〉(洞冥記)에는 미륵국(味勒國) 사람이 인어 무리 속에 끼어 해저(海底)에 들어가、교인(鮫人)의 궁(宮)에 머물면서 눈물의 구슬을 얻었다고 한다。 이간(李頎)의 〈교인가〉(鮫人歌)에는 「朱綃文綵不明識夜夜澄波連月色」이라 했고、또 고황(顧況)이 신라(新羅)에 사신으로 가는 종형(從兄)에 쓴 송시(送詩)에 또한 「帝女飛銜石鮫人買淚綃」라고 말하고 있다。 그러나 수부(水府)에서 비단을 짜는 것을 본 사람이 아무도 없고 연객(淵客)이 구슬을 흘리며 운다는 설(說) 또한 매우 황탄한 것으로서、모두 다 아직 실상을 보지 못한 와전일 것이다。 다만 이와 같이 전해져 오는 전설을 인용했을 것이다。 또 하나는 부인(婦人)이 물고기라는 것이다。 서현(徐鉉)의 〈제신록〉(稽神錄)에 말하기를、사중옥(謝仲玉)이라는 사람은 부인이 물속에 들어갔다 나오는 것을 보았는데 허리 아래부분이 다 물고기로서 곧 인어(人魚)였다 한다。 〈조이기〉(徂異記)에서는 말하기를、사도(査道)가 고려(高麗)의 사신(使臣)으로 갔을 때 바닷속에 있는 한 부인을 보았는바 붉은 옷에(紅裳雙袒) 머리를 흩날리고 있었으며、아가미 뒤에 아주 적은 붉은 털이 있었다。 명(命)하여 물속으로 돌려보내 살려 주자 손을 들어 읍하고 감격해 하면서 물속으로 사라졌다。 곧 인어였다 했다。 대저 제예역교(鯑鯢鰕鮫)의 넷은 별 차이가 없고、부인을 닮았다는 중옥(仲玉)의 설과 사도(査道)가 본 것은 또 다른 종류인 것이다。 지금 서남해(西南海) 가운데 두 종류의 인어가 있다。 그 하나는 상광어(尙光魚)로서 모양은 사람과 비슷하여 젖이 두 개 있다。 즉 〈본초〉(本草)에서 말한바 있는 해돈어(海豚魚)이다(자세한 것은 海豚의 항목을 보라)。 또 하나는 옥붕어(玉朋魚)로서 길이가 여덟 자나 되며、 몸은 보통사람 같고 머리는 어린이와 같으며 머리털어 치렁치렁하게 늘어져 있다。 그 하체(下體)는 암수의 차가 있고 남녀의 그것과 비슷하다。 뱃사람은 매우 이것을 꺼려 한다。 어쩌다 이것이 어망에 들어오면 불길하다 하여 버린다。 이것은 틀림없이 사도(査道)가 본 것과 같은 종류일 것이다。

註 一 雒은 洛水를 말함。

二 〈述異記〉는 二卷으로、 舊本은 梁의 任昉이 撰한 책이라 한다。 張華의 〈博物志〉와 같이 여러 가지가 합해져서 이루어진 것인데 半眞半僞의 書이다。

三 〈稽神錄〉은 六卷으로、 宋의 徐鉉이 撰한 책이다。 唐末 五代의 異聞을 編輯 收錄하였다。

사 방 어 (四方魚)

사방어(四方魚)

크기는 四~五치 정도이고 몸은 사각형이다。 길이・넓이・높이가 거의 같은데、 길이가 넓이보다 약간 긴 편이다。 입은 손톱자국과 같고 눈은 녹두(綠豆) 같다。 두 지느러미와 꼬리는 파리 날개와 같고, 항문은 녹두가 들어갈 만하다. 온몸에 송곳가시가 나와 있어 줄상어와 같다. 몸은 단단하기 철석 같다.

창대의 말에 의하면 대체로 풍파가 있은 후에 표류하여 물가에 나타난다고 하면서 그때에 한 번 본 일이 있다고 한다.

화 절 육 (牛魚)

화절육(牛魚)①

길이는 二~三〇자 정도, 아래쪽 부리의 길이는 三~四자쯤 되며, 허리의 굵기는 소와 같고, 꼬리는 날카롭게 깎여져 있다. 비늘이 없고, 온몸이 모두 살이며 눈같이 희다. 맛은 매우 무르고 연하며 달콤하다. 때로는 조수(潮水)를 따라 항구에 들어온다. 부리가 모래나 흙탕에 박히면 빼지를 못하고 죽는다. (原篇에 缺하여 지금 補充함)

〈명일통지〉(明一統志)를 살펴보면, 여진편(女眞篇)에 말하기를 우어(牛魚)는 혼동강(混同江)②에 나오는데 큰 놈은 길이가 열댓자 정도, 무게는 三백근 정도, 비늘이나 뼈가 없고, 기름과 고기살이 서로 엉켜져 있어 맛이 좋다고 했다. 〈이물지〉(異物志)에 말하기를, 남쪽에 우어(牛魚)가 있는데, 일명 인어(引魚)라고 하며 무게는 三~四백 근 정도, 모양은 예(鱧)와 같다. 비늘과 뼈가 없으며 등에는 반점이 있다。 배 밑은 청색이며, 고기 맛이 아주 좋다고 했다。〈정자통〉에 이르기를 〈통아〉(通雅)를, 살펴보면 우어(牛魚)는 북쪽 유어(鮪魚)③에 속한다 했다。 왕이(王易)의 〈연북록〉(燕北錄)에는 우어는 부리가 길고, 비늘이 있으며 머리에 연한 뼈가 있는 바 무게는 백 근 정도이다。 곧 남방에서 심어(鱘魚)라고 부르는 물고기가 이것이라, 했다。 이에 의하면 우어는 곧 지금의 화절어이다。 심(鱘)은 곧 유(鮪)이며 또한 심어(鱘魚)라고도 한다。 코의 길이는 몸과 같으며, 빛깔은 희고 비늘이 없다。 이시진도 우어는 심(鱘)에 속한다고 했다。 이는 곧 화절어를 말한 것이다。

注 一 牛魚는 철갑상어를 말한다。
二 混同江은 松花江의 支流
三 鮪는 다랑어와 혼동하고 있다。

뱅　어 (鱠殘魚)

뱅어(鱠殘魚)
모양은 젓가락과 같고 칠산 바다에 많다(지금 보충함)。
〈박문지〉를 살펴보면, 오왕(吳王) 합려(闔閭)가 물고기의 회를 먹고 남은 것을 물에 버렸는데 그것이 변하여 물고기가 되어, 회잔(鱠殘)이라는 이름이 주어졌다 했다. 즉 지금의 은어(銀魚)①이다. 〈본초강목〉에서는, 일명 왕여어(王餘魚)라고 했다. 〈역어유해〉(譯語類解)에서는 이것을 면조어(麪條魚)라고 했다. 그 모양이 닮았기 때문이다. 이시진은 말하기를, 월왕(越王) 및 승보지(僧寶誌)를 만든 사람들은 이에 대해서 더 많이 견강부회했으리라는 것은 말할 나위도 없는 일이다라고 했다. 또 이르기를 큰놈은 길이는 四~七치 몸은 둥글고 젓가락과 같으며 깨끗하기가 은(銀)과 같으며 비늘이 없어서 회감에 좋다 했다. 단 눈에는 두 흑점이 있다 했다. 지금 불리우는 뱅어(白魚)가 곧 이 물고기이다.

註 一 中國에서는 뱅어를 銀魚라고 부른다.

공 치(鱵魚)

공치(鱵魚)

큰 놈은 두 자 정도다. 몸은 가늘고 길어 뱀 같다. 아랫부리가 침(鍼)과 같이 가늘며, 그 길이는 三~四치, 윗부리는 제비부리와 같다. 빛깔은 희며 푸른 기미가 있다. 맛은 달고 산뜻하다. 八~九월에 물가에 나타났다가 다시 물러간다.

〈정자통〉에는 침어(鱵魚) 또 침취어(針觜魚)라고 했다. 〈본초강목〉에는 일명 강공어(姜公魚),

동설어(鮦倪魚)라 했다。 이시진(李時珍)에 의하면 이 물고기는 부리에 한 개의 침이 있어、혹히 이것을 태공(太公)의 낚시바늘이라 하는데 이 또한 부회(傅會)한 것이라 했다。 또 말하기를 그 모양은 뱅어와 같으나 부리가 날카로와 한 개의 가느다란 침(鍼) 같은 흑골(黑骨)이 있는 점이 다르다고 했다。

〈동산경〉(東山經)에 의하면 지수(沢水)는 북으로 흘러 호수로 들어가는데、그 가운데엔 침어가 많다。 그 모양은 버들개지와 같고、부리는 침과 같다고 했다。 이것은 곧 지금의 공치어(孔峙魚)를 말한다(몸에 흰 점이 있어 비늘같으나 진짜 비늘이 아니다)。

갈치(裙帶魚)

모양은 긴 칼과 같고、큰 놈은 八~九자、이빨은 단단하고 빽빽하다。 맛은 달고 물리면 독이 있다。 이른바 공치의 종류이나 몸이 약간 납작하다。

한새치(鸛觜魚)①

큰 놈은 열 자 정도이다。 머리는 학의 부리와 같고、이빨은 바늘과 같으며 즐비하다。 빛깔은 청백색인데 고기살도 푸르다。 몸은 뱀같다。 역시 공치 종류이다。

註 一 鸛은 황새를 말함。

천 족 담 (千足蟾)

천족담(千足蟾)

몸은 매우 둥글고, 큰 놈은 지름이 한 자 다섯 치 정도다. 전체의 둘레에 무수한 다리가 나와 있다. 모양은 닭다리 같고 다리에 또 다리가 나고, 다리에 많은 가지가 있고, 가지에서 또 작은 가지가 나오고, 작은 가지에서 잎이 나와 천 갈래 만 가지가 꿈틀거리며 움직이고 있어 사람으로 하여금 두려워 하게 한다. 입은 그 배에 붙어 있다.

이는 문어(章魚)의 한 종류이다. 이것을 말려서 포로 만들어 약탕에 넣으면 양기에 좋다고 한다.

곽박(郭璞)의 〈강부〉(江賦)에 의하면 토육석화(土肉石華)라 했다. 이선(李善)의 주(注)에는 〈임해수토물지〉(臨海水土物志)를 인용하여 이르되, 토육(土肉)은 정흑(正黑)이므로, 모양은 어린아이의 팔꿈치와 같고 길이는 반 자 정도, 속에 배가 있고 입이 없으며, 배에는 三천 개의 발이 있고 구워서 먹는다 했다. 이것은 지금 말한 천족담(千足蟾)인 것 같다.

해 팔 어 (海鮀)

해팔어(海鮀)

큰 놈은 길이 五~六자이다。넓이도 길이와 같다。머리와 꼬리가 없고 얼굴도 눈도 없다。몸은 연하게 엉켜 수(酥)와 같고、모양은 중이 삿갓을 쓴 것과 같으며、허리에는 치마를 달아、그 발에 걸쳐 가지고 헤엄친다。삿갓 차양에는 무수한 짧은 머리가 있다(머리칼은 극히 가느다란 녹말박탁(綠末餺飥)과 같다。그러나 실은 진짜 머리칼은 아니다)。그 아래는 목같이 생겼고、 경사가 완만하여 어깨(肩膊)처럼 보인다。 어깨 아래는 네 다리로 갈라져 있다。 전진할 때에는 그 다리가 하나로 붙어 합해진다。다리는 몸 가운데에 있고、다리의 위아래와 안팎에는 총생(叢生)한 무수한 장발(長髮)이 있어 그 길이가 수십자 정도에 달한다。빛깔은 검고、짧은 것은 七~八치 정도이며 길고 짧은 것이 일정하지 않다。큰 놈은 가지(條) 같고 가는 놈은 머리칼 같다。전진할 때에는 무르녹을 듯이 나약하여 우산 같고 밖으로 처진 듯이 헤엄친다。그 성질과 빛깔이 흡사우무가사리와 같다(牛毛草를 쪄서 이루어진 기름이 엉키어 굳은 것을 우무가사리라 한다)。 도미가 이것을 만나면 두부처럼 빨아 버린다。조수를 따라 항구로 들어왔다가 조수가 밀려나가면 밑바닥에 늘어붙어 움직이지 못하고 죽는다。육지 사람들은 익혀 먹으며 혹은 회를 만들어 먹기도 한다(연한 것을 찌면 굳어지고 큰 것은 축소된다)。창대의 말에 의하면 이전에 그 배를 갈라 보니 호박의 썩은 속 같았다고 한다。

살피건대 타(鮀)는 사(蛇)로 통한다。〈이아익〉(爾雅翼)에 이르기를 뱀은 동해에서 나며 정백(正白)으로 자욱한 물거품 같고 응혈(凝血)과 같다。가로와 세로가 두어 자 가량 되며 지혜가 있다。머리와 눈이 없어 사람을 피할 줄 모른다。머구리(蝦) 떼가 이에 붙어서 동서로 따라다닌다 했다。〈옥편〉에는 모양이 삿갓을 덮어 놓은 것 같고, 가볍게 항상 물 위에 떠서 물이 흘러가는 대로 표류한다 했다。곽박(郭璞)의 강부(江賦)에서 수모목하(水母目蝦)를 주석하기를, 수모(水母)는 속칭 해설(海舌)이라고 부른다 했다。〈박물지〉에는 동해에 생물이 있어, 모양이 피가 엉킨것 같은데 자어(鮓魚)라 이름 한다 했다。〈본초강목〉에는 해하(海鰕)는 일명 수모(水母), 일명 저포어(樗蒲魚)라고 했다。이시진은 말하기를, 남인(南人)이 거짓으로 해절(海折) 혹은 사자(蜡鮓)라고 불렀으나 둘 다 이것이 아니라고 했다。민인(閩人)은 뱀이라 했고, 광인(廣人)은 수모(水母)라 했고, 〈이원〉(異苑)에는 석경(石鏡)이라고 불렀다。〈강희자전〉(康熙字典)에는, 사(蛇)는 수모(水母), 일명 분(蟦)인데, 그 모양은 양의 위(胃)와 같다고 했는 바 이것은 모두 지금의 해파리(海八魚)를 일컫는 것이다。이시진은 수모(水母)의 모양은 혼연이 응결하여 있으며 그 빛깔은 홍자색이라고 했다。배 밑에는 실을 걸쳐 놓은 것 같은 것이 있는데, 머구리 떼는 거기 붙어서 그 침을 빨아 먹으나 사람이 이것을 잡으면 그 혈즙(血汁)을 없애고 먹어야 한다고 했다(本草綱目에 나옴)。대저 해파리의 속에는 혈즙이 있다。바닷사람들은 말하기를 타(鮀)의 배 안에는 주머니가 있어서 피를 저장하는 바 때로 큰 물고기를 만나면 그 피를 토하여 이것을 어지럽히는 것이 오징어가 먹을 뿜는 것 같다고 했다.

고 래(鯨魚)

고래(鯨魚)

빛깔은 칠흑색(鐵黑色)이고 비늘이 없다. 길이는 백여 자, 혹은 二~三백여 자인 놈도 있다. 흑산 바다에도 흔히 나타난다(原篇에 빠져 있으므로 지금 이것을 보충함).

살피건대, 〈옥편〉(玉篇)에 의하면 고래는 물고기의 왕이라고 했다. 〈고금주〉(古今注)에 이르기를 큰 고래는 길이가 천 장에 달하고 작은 놈은 수십 장이라고 했다. 암놈은 예(鯢)라 하는데 그 큰 놈은 길이가 천 발에 달하며 눈이 명월주(明月珠)와 같다고 했다. 요즘도 우리나라 서남바다에는 고래가 나타나나 아직 그 길이가 천 발이나 되는 놈이 나타났다는 소문을 들은 적은 없다. 이 최표(崔豹)의 설(說)은 과장된 말이다. 일본인들은 고래 회를 매우 좋아하는데 약을 화살에 발라 잡는다고 한다. 지금도 표류해온 죽은 고래 중에는 화살을 지니고 있는 놈이 있다. 이는 그 화살을 맞고 도주했다가 표류하게 된 것이다. 또 두 고래가 서로 싸우다가 한 마리가 죽어 바닷가에 표류하는 놈도 있다. 고기를 쪄서 기름을 내면, 기름을 10여 독을 얻을 수 있으며, 눈은 잔(杯)을 만들고 수염은 자(尺)를 만들며, 그 등뼈는 잘라 절구를 만들 수 있다. 그러나 고금(古今)의 본초(本草)에 이 기록이 없음은 이상한 일이다.

해 하(海蝦)

대하(大蝦)

길이는 한 자 남짓되고 빛깔은 희고 붉다. 등은 구부러지고 몸에는 껍질이 있다. 꼬리는 넓고 머리는 돌게(石蟹)를 닮았고 눈은 튀어나와 있으며 두 개의 붉은 수염이 있다. 수염의 길이는 그 몸의 세 배나 된다. 머리 위에 가늘고 단단하며 날카로운 두 개의 뿔이 있다. 다리는 여섯 개이다. 가슴 앞에 또 다리가 둘이 있어 매미의 입(緌)과 같다. 배 밑에는 쌍판(雙板)이 있어 앙점(仰貼)해 있고 알을 뇌각복판(腦脚腹板) 사이에 품고 곧잘 헤엄도 치고 걷기도 한다. 맛은 매우 달콤하다. 중간쯤 되는 놈은 길이가 三~四치 정도이고 흰 놈은 크기가 두 치 정도이며 보라색인 놈은 크기가 五~六치 정도이고 작은 놈은 개미와 같다.

살피건대 〈이아〉(爾雅) 석어편(釋魚篇)에서는 호(鰝)를 대하(大蝦)라고 했고, 진장기(陳藏器)에 의하면 해중(海中)의 홍하(紅蝦)는 길이 한 자 정도로 비녀를 만들 수 있다 했다. 이는 곧 이 대하를 말한 것이다.

해 삼 (海蔘)

해삼(海蔘)

큰 놈은 두 자 정도로 몸이 참외와 같고, 온몸에 잔 젖꼭지 같은 것(細乳)이 있는데 이 또한 참외와 같다. 양쪽머리가 미미하게 깎여져 있다. 그 한 머리에는 입이 있고, 다른 한 머리에는 항문이 있다. 배 안에 물체가 있는 바 그 모양은 밤송이 같으며, 장은 닭과 같고, 껍질이 아주 연하여 잡아 올리면 끊어진다. 배 밑에 발이 백 개나 붙어 있어 잘 걷는다. 그러나 헤엄은 못친다. 그 행동이 매우 둔하다. 빛깔은 새까맣고 살은 검푸르다.

이 해삼은 우리나라 동·서·남 바다에 거의 다 서식한다. 해삼은 잡아 말려 가지고 판다. 전복과 담채(淡采)와 해삼을 삼화(三貨)라고 한다. 그러나 고금(古今)의 본초(本草)에는 이 삼화가 모두 기재되어 있지 않다. 근세(近世)에 이르러 엽계(葉桂)의 〈임증지남약방〉(臨證指南藥方) 속에 많이 사용하고 있다.

대체로 이 해삼의 사용은 우리나라에서 비롯되었다고 할 수 있다.

굴 명 충 (屈明蟲)

굴명충(屈明蟲)

큰 놈은 길이가 한 자 다섯 치 정도이고 그 둘레도 또한 이와 같다。 모양은 새끼를 품은 닭 같고 꼬리가 없다。 머리나 목이 겨우 올라 있고、 귀는 고양이와 같다。 배 밑에 해삼의 발 비슷한 것이 있으나 헤엄은 치지 못한다。 빛깔은 까맣고、 붉은 무늬가 있다。 온 몸이 모두 피로 되어 있어 맛이 없다。 영남사람들은 이것을 먹는다。 백 번 씻어 피를 없애지 않고는 먹지 못한다。

음 충 (淫蟲)

음충(淫蟲)

모양은 양경(陽莖)을 닮아 입이 없고 구멍이 없다。 물에서 나와도 죽지 않는다。 별에 말리면 위축되어 빈 주머니같이 된다。 손으로 때리면 팽창한다。 즙(汁)을 내는데 털구멍에서 땀을 흘리듯 하며、 가늘기가 실이나 머리칼 같으며 좌우로 비사(飛射)한다。 머리는 크고 꼬리는 흡인력이 있으며、 꼬리로 돌 위에 늘어붙을 수 있다。 빛깔은 회색이다。 전복을 잡는 사람들이 때로 이것을 잡기도 한다。 큰 놈은 양기에 좋다。 음자(淫者)는 이것을 말려 포를 만들어 가지고 약에 넣어먹으면 좋다。 이외에 또 다른 종류가 있어 그 모양이 호도(胡桃)를 닮았다。 혹자는 이놈을 암컷이라 한다。 〈본초강목〉에、 낭군자(郞君子)라는 놈이 있다。 그 모양이 여기서 말한 음충(淫蟲)과 거의 비슷하다。 그러나 아직은 분명하지 않다。

介類

거 북(海龜)

거북(海龜)은 해수산 거북(水龜) 종류로서 등에 대모(玳瑁)의 무늬가 있다。 때로는 수면에 떠오른다。 성질이 매우 느려서 사람이 가까이 가도 놀라지 않는다。 등에는 굴껍질이 있어 조각조각으로 벗겨 떨어진다(굳은 단단한 물체를 만나면 반드시 그 껍질을 붙인다)。 이것이 대모로서 토속(土俗)에서는 그 재난을 두려워 하여 이 대모를 보아도 잡지 않는다。

게(蟹)

살피건대、〈주례〉(周禮)의 고공기(考工記) 주(注)에 의하면 기는(仄行) 것은 게의 한 습성이라고 했고、소(疏)에 이르기를、요즘 사람은 이것을 방게(旁蟹)라 한다 했다。 그들이 옆으로 가기 때문이다。부현(傅玄)의 〈해보〉(蟹譜)에는 방게라고 했고、또 횡행개사(橫行介士)라고도 했다。 이는 그 외골(外骨)을 보고 부른 이름이다。 양자방언(揚子方言)에는 이것을 곽삭(郭索)이라고 했다。 이는 그 행동이나 소리에 따른 것이다。〈포박자〉(抱朴子)는 이것을 무장공자(無腸公子)라고 했다. 이는 속이 비어 있음으로써이다. 〈광아〉(廣雅)에 이르기를 수놈은 낭예(蜋蟻)라 하고 암놈은 박대(博帶)라고 부른다. 암놈과 수놈의 차이는 대개 배꼽이 날카로운 놈이 수놈이고, 배꼽이 둥근 놈이 암놈이다. 또 집게발이 큰놈이 수놈이고 작은 놈을 암놈이라 한다. 이것이 게의 자웅의 차이이라고 했다. 〈이아익〉(爾雅翼)에 의하면 여덟 개의 발에, 집게발이 둘이고, 여덟개의 다리를 굽혀 머리를 숙이고 있다고 해서 이것을 궤(跪)라 하고, 두 집게발을 굽어 얼굴을 들므로 이것을 오(螯)라고 부른다 했다(荀子의 勸學篇에 게를 六跪 二螯라고 한 것은 잘못이다. 게의 다리는 八跪이다).

一 〈蟹譜〉는 二卷으로 宋의 傅肱이 撰한 책이다. 上卷은 옛 글에서 많이 따오고, 下卷은 肱이로 적은 것으로서, 本文엔 撰者를 傳眩이라 했으나 〈四庫全書總目〉에는 傅肱이라고 기록되어 있다. 眩은 誤記가 아닌가 의심된다.

二 〈抱朴子〉(八卷)는 晋의 葛洪이 撰한 책이다. 抱朴子는 그의 號이다. 內篇에는 神仙修煉에 관한 것을 논했는데 주로 道家思想에 의한 것이며 外篇은 時勢의 得失, 人事의 可否를 논했다. 淸의 嚴可均校勘記 二卷, 佚文 二卷이 있다.

벌덕게(舞蟹)

큰 놈은 타원형으로 길이가 七~八치 정도이다. 빛깔은 검붉고 등은 단단한 껍질로 되었으며, 그 가까이엔 집게발이 쌍각(雙角)으로 나와 있다. 왼쪽 집게발은 굵는 힘이 있다. 크기는 엄지손가락만하다(대개 집게발은 왼쪽이 크고, 오른쪽이 작다). 즐겨 집게발을 떠면서 일어서는 것이 춤추는 모양파 같다。맛은 달콤하며 항상 돌 틈에 사는데 조수가 밀려가면 잡힌다。
소송(蘇頌)에 의하면 게 껍질이 넓고、노란 놈을 직(蟙)이라고 하는데、남해에서 나며、그 가위는 매우 날카롭고、사물을 자르기를 풀을 베듯이 한다 했다。이것이 곧 벌떡게이다。

註 一 蟙은 〈爾雅〉蝙蝠의 注에「齊人謂之蟙蟔、或謂仙鼠」라고 기록되어 있고、〈本草〉에서는「蟹殼闊而多黃者名蟙或作蠘」이라고 되어 있다。

살게(矢蟹)

큰 놈은 지름이 두 자 정도이며 뒷다리 끝이 넓어서 부채같다。두 눈 위에 한 치 남짓한 송곳같은 것이 있어서 그와같은 이름이 주어졌다。빛깔은 검붉다。 대체로 보통 게는 잘 기어다니나 헤엄은 잘 치지 못하지만 이 게만은 유독 헤엄을 잘 친다(부채 모양의 다리로 헤엄친다)。이것이 물에서 헤엄치면 큰 바람이 불 징조라고 한다。 맛은 달콤하다。흑산에는 희귀하다。 항상 바닷속에 있다。때때로 낚시에 걸린다。칠산 바다에서는 그물로도 잡는다。

살피건대 이는 곧 비단게종류이다。소송(蘇頌)이 말하기를 게 중에서 가장 크고 뒷다리가 넓은 놈을 유모(蝤蛑)라 하는데、남인(南人)은 발도자(撥棹子)라고 부른다。그 뒷다리가 노(棹)같이 생겼기 때문이다。일명 심(蟳)이라고도 한다。조수를 따라 물려간다。껍질을 벗는데 따라서 커지는데 큰 놈은 뒷박만 하고、작은 놈은 잔접(盞楪)과 같다。두 집게발이 손같이 생긴 점이 다른 게와 다른 점이다。 그 힘이 八월이 되면 매우 강하여져 능히 호랑이와 싸울 만한데 호랑이가 당하지 못한다고 했다。〈박물지〉(博物志)에 이르기를 유모가 큰 놈은 능히 호랑이와 집게발로 싸우며 사람을 잘라 죽인다 했다。 지금 말하는 살게가 그 같은 모양을 가진 게 중에서 가장 큰 놈이다。 이것이 곧 유모이다(지금 말하는 꽃게 또는 뿔게가 곧 살게다)。

농게(籠蟹)

큰 놈은 지름이 세 치 정도로 빛깔은 검푸르고 윤택하며 다리는 붉다。 몸은 둥글고 바구니처럼 생겼다。 모래와 진흙을 파 굴을 만들고 모래가 없으면 돌틈에 엎드린다。

이시진이 말하기를 팽기(蟛蜞)를 닮고 바다에 서식하며 조수가 밀려오면 굴에서 나와、 조수를 바라보곤 하는 것이 망조(望潮)라고 했다。 지금 바다에 서식하는 작은 게는 모두 조수가 밀려오면 굴에서 나온다。그러므로 조수를 바라보는 게가 따로 있는 것이 아니다。

돌장게(蟛螖)

농게(籠蟹)보다 작고 빛깔이 검푸르며 두 집게발이 약간 붉다。 다리에는 반점이 있다。 대모(玳瑁)와 비슷하다。

〈이아〉(爾雅) 석어편(釋魚篇)에、 활택(螖蠌)의 작은 놈은 노(蟧)라고 했고、 소(疏)에는 팽활이라 했으며、 소송(蘇頌)은 가장 작고 털이 없는 놈을 팽활이라고 하는데、 오인(吳人)은 잘못 팽월이라고 한다 했다。 지금 우리가 돌장게라고 하는 것이 곧 팽활이다。

삼게(小蟛)

빛깔은 검고 몸은 작은 편이다。 발가락 끝 부분이 약간 희며 항상 돌틈에서 산다。 젓을 담으면 좋다。

노랑게(黃小蟛)

삼게의 일종이다。 다만 등 부분이 노랗다는 차이가 있을 뿐이다。

흰게(白蟹)

돌장게보다 작고 빛깔이 희며、 등에 검푸른 줄무늬(暈)가 있고 집게발이 매우 강하여、 물리면 몹시 아프다。 민첩하고 잘 달리며 항상 모래에 있으면서 굴을 만든다。

이시진은 말하기를、 팽기(蟛蜞)를 닮아 모래구멍 속에 살며 사람을 보면 금방 달아나는 놈은 사구(沙狗)라고 했다。 요즘 흰게라고 부르는 놈이 곧 사구이다。

화랑게(花郎蟹)

크기는 농게와 비슷하고、 몸은 넓고 짤막하며 눈은 가늘고 길다。 왼쪽 집게발이 특별히 크지만 둔하여 사람을 물 줄을 모른다。 나아갈 때 집게발을 편 모양이 춤추는 것 같아서 이런 이름이 주어졌다(흔히 舞夫를 花郎이라고 한다)。

몸살게(蛛腹蟹)

크기가 팽활과 같고 껍질이 연하여 종이와 비슷하며, 두 눈 사이에 송곳같은 집게발이 있는데 능히 사람을 상하게 한다. 온몸은 부었거나 포식한 배와 같고 거미를 닮아서 멀리 달리지 못하고 바위 사이에 서식한다.

참게(川蟹)

큰 놈은 사방이 약 三~四치 정도이며 빛깔은 검푸르다. 수놈은 다리에 털이 있고 맛이 매우 좋다. 이 섬의 계곡에도 간혹 참게가 있으며 나의 출생지인 열수(洌水)가에서도 이 참게를 볼 수 있다. 봄철에는 강을 거슬러 올라가 논두렁 사이에 새끼를 까고 가을이 되면 강물을 따라 내려간다. 어부들은 얕은 여울가에 돌을 쌓아 담을 만들고 새끼로 집을 지어 그 안에 넣어 두면 참게가 그 속에 들어와서 은신한다. 밤에 햇불을 켜서 참게를 잡는다.

註 一 이곳에서의 洌水는 한강을 가리키고 있으나 실에 있어서는 大同江의 古名이다. 丁若銓·丁若鏞 형제는 다같이 洌水를 한강으로 보고 있는데 이는 잘못이다.

뱀게(蛇蟹)

크기는 농게와 비슷하며 빛깔은 푸르고 두 집게발은 붉은 색으로 땅위를 잘 기어다닌다. 흔히 해변가의 인가(人家)에 들어가 놀면서 흙과 돌 사이에 구멍을 판다. 이런 까닭에 「뱀게」라고 이름하였다. 식용(食用)으로 사용하지는 않으나 물고기의 낚시 미끼로 사용한다.

바닷가에서 사는 게 중에서 이 뱀게만은 먹어서는 안되지만 다른 게는 거의 다 괜찮다. 논두렁의 진흙물이나 냇물 계곡에 서식하는 게 중에서 참게는 먹어도 좋으나 다른 게는 먹어서는 안된다. 채모(蔡謨)는 방게를 먹고 죽을 뻔했었다. 그리하여 탄식하면서 말하기를 〈이아〉(爾雅)를 읽었으나 숙독하지 못한 까닭이라고 탄식했다. 곧 논바닥의 진흙에서 사는 작은 게를 먹은 것이다.

콩게(豆蟹)

크기가 대두(大豆)만하고, 빛깔은 팥 같으며 맛이 좋다. 섬 사람들은 때때로 날것으로도 먹는다.

꽃게(花蟹)

크기가 농게와 같고, 등이 높으며 바구니같다. 왼쪽 집게발은 유달리 크고 붉으며 오른쪽 집게발은 아주 작고 검다. 전체가 반점으로 되어 있는 것이 흡사 대모 같다. 맛은 싱겁다. 진흙탕 속에 있다. 소송(蘇頌)이 말하기를 집게발이 하나는 크고 하나는 작은 게를 옹검(擁劍)이라고 부르며, 일명 걸보(桀步)라고도 한다. 항상 큰 집게발로써는 싸우고 작은 집게발로써는 먹이를 잡아 먹는다. 이를 집화(執火)라고도 하는데 이는 그 발이 붉기 때문이라고 했다. 이것이 오늘날의 꽃게이다.

밤게(栗蟹)

크기는 복숭아 씨만하고, 모양은 복숭아 씨를 쪼개 놓은 것 같다. 뒤쪽이 뾰쪽하고, 머리가 넓으며 빛깔은 검고 등은 매미 같으며, 다리는 모두 길이는 가늘고 한 자 정도다. 두 집게발의 길이는 두 자 정도이고 입은 거미를 닮았다. 거꾸로나 옆으로는 가지 못하며 앞으로 향해 갈 수 있다. 항상 깊은 물 속에 있다.

맛은 달콤하기가 밤 같다. 그러므로 이 이름이 주어진 것이다.

동게(鼓蟹)

크기는 꽃게와 같으며 몸은 짧고 빛깔은 조금 희다(原篇에 缺해 지금 보충함).

가제(石蟹)

큰 놈은 길이가 二~三자 정도이고 두 집게발과 여덟 개의 발이 모두 게와 같으며, 그 발 끝은 모두 갈라져서 족집게 모양으로 생겼다. 뿔 같은 촉각의 길이는 그 몸의 배나 되며 그 끝에는 칼날 같은 가시가 있어 마치 줄과 같다. 허리 위로는 단단한 껍질이 씌워 있고 아래에는 비늘모양의 껍질이 있는데, 새우(蝦)를 닮았다. 꼬리 또한 새우와 비슷하다. 빛깔은 검고 윤택하다. 촉각은 붉다. 뒤로 갈 때는 꼬리를 굽혀 안으로 감는다. 앞으로도 곧잘 기어간다. 알뭉치는 배 밑에 붙어 있다. 대개 육지산 가제에 비하여 그다지 다른 점은 없다. 이것을 익혀서 먹으면 맛이 매우 뛰어난다.

흰돌게(白石蟹)

돌게를 닮았으나 크기가 대여섯 치에 불과하다. 허리 아래는 약간 길며 빛은 희다.

전 복(鰒魚)

전복(鰒魚)

큰 놈은 길이가 七~八치 정도이고 등에는 단단한 껍질이 있으며 그 모양은 두꺼비 등과 같다. 그 안쪽은 미끄럽고 윤택하나 평평하지는 못하다. 오색이 찬란하다. 왼편에는、五~六개、혹은 八~九개의 구멍이 머리쪽으로부터 나 있다. 구멍이 없는 곳에도 구멍과 배비(排比)하여 외돌(外突)한 곳이 꼬리의 봉우리에까지 연결되어 있다. [구멍이 끝나는 곳에 돌기(突起)가 있는데 그것이 선구(旋溝)의 시작이 되어있다.]

꼬리의 봉우리(尾峰)에서부터 방안을 선회하는 선구(旋溝)가 나 있다. 껍질 안에 살이 있고 외면은 타원형으로 평평해서 점석행동(貼石行動)을 한다. 이면(裏面)의 중앙에 한 살 봉우리가 돋아나 있고 그 앞 좌편에는 입이 있다(입에는 잔 가시가 있어 꺼칠꺼칠하다). 장(腸)에 이어져 구멍을 따라 내려가다가 그 아래에 한 주머니가 있다. 그 주머니는 왼쪽 껍질과 오른쪽 살에 따라붙어 꼬리봉우리 바깥쪽에까지 확장되어있다。 그 살고기는 맛이 달아서 날로 먹어도 좋고 익혀 먹어도 좋지만 가장 좋은 방법은 말려서 포를 만들어 먹는 방법이다。 그 장은 익혀 먹어도 좋고 젓을 담아 먹어도 좋으며 종기 치료에도 좋다。 봄 여름에는 큰 독이 생기는데、 이독에 접촉하면 살이 부르터 종기가 되고 환부가 터진다。 그러나 가을 겨울에는 독소가 없어진다。 그 기르는 방법은 아직 개발되지 못하였다。 들쥐가 전복을 엿보아 엎드려 있다가 전복의 꼬리로부터 등에로 오르는데 이때 전복은 쥐를 등에 업고 도주한다。〔쥐가 움직이면 복어는 웅크리기 때문에 달려도 떨어지지 않는다〕 만약 전복이 먼저 알고 그 꼬리를 웅크릴 때〔쥐는 크게 놀라기 때문에 눌러 붙기가 더욱 쉽다〕 조수가 밀려오면 쥐는 물에 빠져죽고 만다。 이것은 마침 사람을 해치려는 도적에게는 하나의 귀감이 될 것이다。

구슬을 잉태하는 것은 등 껍질이 더욱 더 험하여 벗겨진 것과 비슷하다。 구슬은 배안에 있다。 〈본초강목〉에는 이를 석결명(石決明)이라고 했고、 일명 구공라(九孔螺)、 또는 천리공(千里孔)이라고 쓰고 있다。 소공(蘇恭)은 이 전복을 어갑(魚甲)이라고 하면서 돌에 부좌하여 생기고 모양이 조개 같으며 오직 한쪽 뿐、 암수가 없다 했다。 소송(蘇頌)은 말하기를 일곱 구멍과 아홉 구멍을 가진 것이 좋고、 구멍이 열 개 있는 것은 좋지 않다고 했다。 그러나 중국산(中國產)은 매우 희귀하다。 따라서 왕망(王莽)은 상에 기대어 전복을 먹었는데、 복륭(伏隆)이 이에 입궐하여 전복을 진상한 것이다(後漢書)。 전복잡이는 왜인(倭人)의 색다른 풍속이라 한다(魏志倭人傳)。 전복회는 동해의 뛰어난 맛이다 (陸雲答車茂安書)。 조조(曹操)는 전복을 좋아하였는데 한 주에서 제공한 바가 겨우 백 마리뿐이었다(曹植祭先王表)。 언회(彥回)는 전복 서른 마리를 군량으로 받음으로써 一〇

만의 군사를 얻었다고 했다(南史褚彦回傳). 이로써 전복을 살펴보면 중국은 우리나라보다 그 생산량이 적다는 결론이 나온다.

비말(黑笠鰒)

모양이 삿갓(雨笠)과 비슷하고, 큰 놈은 지름이 두 치 정도이다. 삿갓 모양이 곧 껍질이다. 빛깔은 검고 미끄러우며 안쪽은 윤택하고 평평하다. 그 살은 전복을 닮아 둥글고 역시 암수가 없는 한쪽뿐이다. 돌에 부착한다.

흰비말(白笠鰒)

다만 껍질의 빛깔이 흰 점이 [비말과] 다르다.

가마귀비말(烏笠鰒)

큰 놈은 지름이 한 치 정도이고 삿갓이 날카로우며 높고 곧다. 껍질의 빛은 검다.

변립복(匾笠鰒)

삿갓은 날카롭고 낮으나 몸은 부드럽고 뾰죽한 데가 없다. 껍질의 빛깔은 약간 희고 고깃살은 매우 연하다.

대립복(大笠鰒)

큰 놈은 지름이 두 치 남짓 되며, 껍질이 편립(匾笠)과 비슷하고 고깃살은 껍질 아래 두세 치쯤 나와 있다. 맛은 쓰고 먹을 수가 없으며 매우 희귀하다.

대체로 단단한 껍질에 덮인 놈이 전복이다. 전복류나 조개류는 거의 곧잘 구슬을 만들어낸다.

살피건대 구슬을 생산하는 모체는 주로 전복과 조개무리다. 이순(李珣)이 말하기를 진주는 남해산(南海產) 전복(石決明)에서 나오며, 촉중서로산(蜀中西路產) 구슬은 조개(蚌蛤)에서 나온다고 했다. 육전(陸佃)이 말하기를 용주(龍珠)는 턱에 있고, 사주(蛇珠)는 입에 있으며, 어주(魚珠)는 눈에 있고 교주(鮫珠)는 가죽에 있고, 별주(鼈珠)는 발에 있고, 주주(蛛珠)는 배에 있는데, 이들은 모두 방주(蚌珠)만 못하다고 했다. 따라서 구슬을 만드는 동물은 많다.

조 개(蛤)

살펴보면 조개 종류는 매우 많다. 그 모양이 긴 놈은 보통 방(蚌)이라 부르고 또 함장(含漿)이라고도 부른다. 그 모양이 둥근 놈은 보통 합(蛤)이라 부르고, 그 모양이 좁고 길며 머리 둘이 날카롭고 작은 놈을 비(螷)라고 하며, 또한 마도(馬刀)라고도 부른다. 그 빛깔이 검고 가장 작은 놈을 현(蜆)이라고 부르고 또 편라(扁螺)라고도 부른다. 이들은 모두 강호계간(江湖溪澗)

에 서식한다。바다에서 나는 놈은 여러 본초(本草)를 살피건대 다음과 같은 것이 있다。문합(文蛤)은 머리 하나는 작고 다른 하나는 크며 껍질에 꽃무늬가 있다。반지락(蛤蜊)이라는 조개는 하얀 껍질에 보라색 입술을 가졌고 크기는 두세 치 정도이다。함진(蝛蜼)이라는 조개는 모양이 작고 털이 있다。거오(車螯)라는 조개는 모양이 가장 크고 곧잘 입김을 토하여 누대(樓臺)를 만드는데 이것이 곧 바닷속의 큰 조개이다。담라(擔羅)라고 일컫는 조개가 있는데 이는 신라(新羅)에서 난다고 했다。그러나 지금 흑산 바다에서 볼 수 있는 조개에 의거해서、속명을 실어 기록한다。

대롱조개(縷文蛤)

큰 놈은 지름이 서너치 정도、껍질은 두껍고 가로무늬가 있는데 그 미세하기가 비단과 같으며 몸 전체에 깔려 있다。맛은 달콤하나 약간 비리다。

누비조개(瓜皮蛤)

큰 놈은 지름이 너자 남짓되며 껍질이 두껍고 세로로 파진 골이 있는데、그 골 가에 가느다란 것이 있다。노란 외와 같고、대롱조개에 비하여 약간 가늘다。이 조개가 변하여 파랑새(青羽雀)가 된다고 한다。

반지락(布紋蛤)

큰 놈은 지름이 두 치 정도이고 껍질이 매우 엷으며、가로 세로 미세한 무늬가 있어 가느다란 세포(細布)와 비슷하다。양 볼이 다른 것에 비해 높게 튀어나와 있을 뿐 아니라 살도 또한 풍부하다。빛은 희거나 혹은 청흑색이다。맛이 좋다。

공작조개(孔雀蛤) (속명에 거의합)

큰 놈은 지름이 四~五치 정도이며 껍질이 두껍다。앞쪽에 가로무늬가 있고 뒤쪽에는 세로무늬가 있어서 자못 거칠다。몸에는 경사(傾斜)가 없으며 빛깔은 황백색이다。속은 미끄럽고 윤택하며 빛깔은 홍적색의 광채가 난다。

나박조개(細蛤)

큰 놈은 지름이 三~四치 정도로 껍질이 엷고, 가는 세로무늬가 깔려 있다。색깔은 청흑색이지만 변하면 희게 된다。

주걱조개(杌蛤)

큰 놈은 두 자 남짓된다。앞이 넓고 뒤가 깎였으며 껍질은 나무주걱을 닮았다。색은 황백색이다。가로무늬가 있으나 정세하지 못하다。이것을 주걱으로도 이용한다。

흑주걱조개(黑杌蛤)

모양은 주걱조개와 같으나 빛깔이 검붉은 것이 다르다。

새조개(雀蛤)

큰 놈은 지름이 너댓 치 정도로 껍질이 두껍고 미끄러우며 참새빛깔에 무늬가 참새털과 비슷하여 참새가 변한 것이 아닌가 하고 의심된다。 북쪽 땅에는 매우 흔하지만 남쪽에는 희귀하다。

대체로 껍질이 두 개 합쳐진 조개를 합(蛤)이라 한다。 이들은 모두 진흙탕 속에 묻혀 있으며 난생(卵生)이다。

살피건대、 월령(月令)편에 의하면 계추(季秋)에 참새가 물에 들어가 조개로 변하며、 맹동(孟冬)에는 장끼가 물에 들어가 큰 조개로 변한다 한다。 육전이 이르길 방합(蚌蛤)은 암놈과 수놈이 없는데 단지 참새가 조개로 변하기 때문에 구슬을 낳을 수 있다고 했다。 그러나 모든 생물은 거개가 반드시 다른 생물이 변한 것은 아니다。

註 一 한해 동안의 정례적인 政事 및 儀式을 열두 달로 구별하여 기록한 것。 轉하여 時候의 뜻을 나타내기도 한다。

二 孟冬은 겨울의 시초、 음력 시월을 말함。

게배조개(蟹腹蛤)

무늬는 주걱조개를 닮았고 빛깔은 검거나 혹은 노랗다。 작은 게가 그 조개껍질 안에 산다。 바닷가에 많다(原篇에 缺해 지금 보충함)。 이시진은 게 중에서 조개의 배 안에 사는 놈을 굴조개 또는 기거해(寄居蟹)라고 한다고 했는데、 곧 이것을 일컬음이다。

합박조개(匏子蛤)

모양이 커서 박과 같으며 진흙탕 속에 깊이 묻혀 산다(亦今補)。

고 막(蚶) 原篇에 缺해 지금 보충함

고막(蚶)

크기는 밤만 하고 껍질은 조개를 닮아 둥글다。빛깔은 하얗고 무늬가 세로로 열을 지어 늘어서 있으며 줄과 줄 사이에는 도랑이 있어 기와지붕과 같다。두껍질의 들쑥날쑥한 면이 서로 엇갈려 맞추어져 있다。고기살은 노랗고 맛이 달다。

〈이아〉(爾雅) 석어편(釋魚篇)의 괴륙(魁陸)에 대한 주(注)에선 말하기를、이것이 곧 지금의 고막이라 했다。〈옥편〉(玉篇)에선 말하기를 고막은 조개를 닮아 무늬가 기와집처럼 되어 있다고 했고、〈본초강목〉에서는 괴합(魁蛤)은 일명 괴륙(魁陸)、일명 감(蚶、魽이라고도 쓴다)、일명 와옥자(瓦屋子)、와롱자(瓦壟子)、일명 복로(伏老)라고 했다。이시진은 말하기를 남인들은 이를 공자자(空慈子)라 한다고 했다。상서(尙書) 노균(盧鈞)은 그 모양이 기와집의 기왓골을 닮았다 하여 와롱(瓦壟)이라 했다。많은 사람들은 그 고기를 소중히 여겨 이를 부르기를 천련(天臠) 또는 밀정(蜜丁)이라고 했다。〈설문〉(說文)에서 말하기는 노복익(老伏翼)이 변하여 괴합이 되므로(伏翼은 박쥐이다) 부로(伏老)라고 했다。 또 말하기를 등 위의 골진 무늬는 기와집과 비슷하다고 했다。 지금의 절강성 동쪽 근해(近海)의 논에서는 이것을 기르는데 이를 감전(蚶田)이라고 한다고 했다。 고막 조개라고 부르는 것이 곧 이것이다。

새고막(雀蚶)
고막과 유사하나 기왓골 모양의 도랑무늬가 더 가늘고 기름기가 있다。 흔히 말하기를 이것은 참새가 들어가서 변한 것이라 한다。

맛(蟶)

맛(蟶)
크기는 엄지손가락만하며 길이는 六~七치 정도、 껍질은 무르고 연하며 빛깔은 희다。 맛이 좋다。 진흙탕 속에 묻혀 있다。

〈정자통〉에서 말하기를、 민오인(閩粤人)이 논에서 양식하였으므로 정전(蟶田)이라고 한다 했으며、 진장기(陳藏器)는 말하기를、 정(蟶)은 바다의 진흙탕 속에서 나고、 길이는 두세 치 정도、 굵기는 엄지손가락만하며 양 끝을 연다고 했는데、 그것이 곧 이것이다。

홍　　합 (淡菜)

홍합(淡菜)

몸은 앞이 둥글고 뒤쪽이 날카롭다。 큰 놈은 길이가 한 자 정도이고、 폭은 그 반쯤된다。 예봉(銳峯) 밑에 더부룩한 털이 있으며 수백 수천 마리가 돌에 달라붙어서 무리를 이루며 조수가 밀려오면 입을 열고 밀려가면 입을 다문다。 껍질의 빛깔은 새까맣고 안쪽은 미끄러우며 검푸르다。 살의 빛깔은 붉은 것도 있고 흰 것도 있으며、 맛이 감미로와 국에도 좋고 젓을 담가도 좋으나 그 말린 것이 사람에게 가장 좋다。

콧수염을 뽑을 때 피가 나는 사람은 지혈(止血)시킬 다른 약이 없으나 다만 홍합의 수염을 불로 태워 가지고서 그 재를 바르면 신통한 효험이 있다。 또한 음부(淫部)에 상한(傷寒)이 생길 때에도 홍합의 수염을 불로 따뜻이 하여 뇌후(腦後)에 바르면 효험이 좋다。

살피건대 〈본초강목〉에서는 홍합을 일명 각채(殼菜)、 일명 해폐(海蜌)、 일명 동해부인(東海夫人)이라고 했다。 진장기(陳藏器)는 머리가 작고 안에 소량의 털이 있다고 말했다。 〈일화자〉(日華子)에서는 이르기를 형상이 일정하지 않으나 아주 사람에게 이롭다 했다。 이것이 홍합이다。

소담채(小淡菜)

길이는 세 치에 불과하나 홍합을 닮아서 길다。 안이 매우 넓어서 살코기가 많고 맛이 훌륭하다。

적담채(赤淡菜)

크기는 홍합과 같고 껍질의 안팎이 모두 다 붉다。

키홍합(箕蚌)

큰 놈은 지름이 대여섯 치 정도이고 모양이 키(箕―쳉이)와 같아서 평평하고 넓으며 두껍지 않다。 실과 같은 세로무늬가 있다。 빛깔은 붉고 털이 있다。 돌에 붙어 있으나 곧잘 떨어져 헤엄쳐 간다。 맛이 달고 산뜻하다。

굴 (蠔)

굴(牡蠣)

큰 놈은 지름이 한 자 남짓되고 두 쪽을 합하면 조개와 같이 된다。 몸은 모양이 일정하지 않은

품이 구름조각 같으며 껍질은 매우 두꺼워 종이를 겹겹이 발라 놓은 것 같다。바깥 쪽은 거칠고 안쪽은 미끄러우며 그 빛깔이 눈처럼 희다。껍질 한쪽은 돌에 붙어 있고、다른 한쪽의 껍질은 위를 덮고 있으나 진흙탕 속에 있는 놈은 부착하지 않고 진흙탕 속에서 떠돌아 다닌다。맛은 달콤하다。그 껍질을 닦아 가지고 바둑알을 만든다。

〈본초〉(本草)에는 모려(牡蠣)를 일명 여합(蠣蛤)、별록(別錄)에는 모합(牡蛤)이라 이름했으며、〈이물지〉(異物志)에는 고분(古賁)이라고 칭하였다。모두 이 굴을 말한 것이다。

잔굴(小蠣)

지름이 六~七치 정도이고、모양은 굴과 비슷하나 껍질이 엷으며 위쪽 껍질의 등에는 거친 가시가 줄지어 있다。굴은 큰바다의 물이 급한 곳에 서식하나 이 잔굴은 포구의 파도에 마멸되어 미끄러워진 돌에 서식하는 것이 다르다。

홍굴(紅蠣)

큰놈은 三~四치 정도이고 껍질이 엷다。색은 붉다。

석화(石華)

크기는 불과 한 치정도이고、껍질이 뛰어나와 있으며 엷고 색이 검다。그 안쪽은 미끄럽고 희다。암석에 붙어 있어 꼬챙이로 채취한다。

곽박(郭璞)의 「강부」(江賦)에는 토육 (土肉)과 석화(石華)가 나오는데, 이선(李善)의 주(注)에는, 〈임해수토물지〉(臨海水土物志)를 인용하여, 석화는 돌에 붙어서 산다고 했으니, 곧 이를 말한 것이다. 또 한보승(韓保昇)은 말하기를 운려(蝹蠣)는 몸통이 짧고 약에 넣으면 안된다고 했는데 역시 석화를 가리킨 것으로 짐작된다.

굴통굴(桶蠔)

큰 것은 껍질의 지름이 한 치쯤 되며 입이 둥글고 통과 같이 생겼다. 뼈처럼 단단하고 높이는 수 치 정도, 두께는 서너 푼 정도이다. 아래는 밑이 없고 위는 약간 깎여진데다 꼭대기에 구멍이 있는데 그 끝의 작은 구멍을 보면 간신히 바늘이 들어갈 정도이고 벌집과 같이 뿌리가 돌벽에 붙어 있다. 그 속에는 덜된 두부 같은 고깃살이 붙어 있고, 위에는 중들이 쓰는 고깔 같은 것이 실려 있다(方言：곡갈 曲葛). 두 개의 판(瓣)이 있는데, 조수가 밀려오면 즉시 이 판이 열려 조수를 받아 들인다. 이 굴통굴을 따는 사람은 쇠송곳으로 급히 내리친다. 그러면 껍데기가 떨어지고 고깃살이 남는다. 그 고깃살을 칼로 베어낸다. 만약 내려치기 전에 굴통굴이 먼저 알게 되면 차라리 부서질지언정 떨어지지 않는다.

보살굴(五峰蠔)

큰 놈은 너비가 세 치 정도이고 오봉(五峯)이 나란히 서 있다. 바깥쪽 두 봉은 낮고 작으나 다음의 두 봉을 안고 있으며, 그 안겨져 있는 두 봉은 가장 큰 봉으로서 중봉(中峯)을 안고 있다.

중봉 및 최소봉(最小峯)이 서로 합하여 단단한 껍질이 된다。 그 빛깔은 황흑색이다。 봉근(峯根)의 둘레엔 껍질이 싸고 있는데、 이 껍질은 유자와 같으며 습기가 있다。 뿌리를 돌 틈의 좁은 곳에 박고서 바람과 파도 가운데서 몸을 지탱한다。 속에는 살이 있는데、 살에도 붉은 뿌리와 검은 수염이 있다(수염은 물고기의 귀세미 같다)。 조수가 밀려오면 큰 봉우리를 열어 수염으로 조수를 맞는다。 맛은 달콤하다。

소송(蘇頌)이 말하기를 굴은 모두 돌에 붙어 돌무덤을 이루고 있으며、 서로 이어짐이 방(房)과 같아서、 이를 불러 여방(蠣房)이라고 한다。 진안(晋安)사람은 이를 호보(蠔莆)라고 한다。 맨 처음에는 주먹만하다가 점차 사방으로 자라나 一~二자 정도로 되며 준엄하기가 바위산과 같아서 속담에 이를 여산(蠣山)이라고 한다。 각 방마다 안에는 고깃살이 한 덩이씩 있다。 큰 방(房)은 말발굽 같고、 작은 방은 사람 손가락만하다。 조수가 밀려올 때마다 여러 방들이 모두 열려 작은 벌레가 들어오면 입구를 막아 배를 채운다。 이를 일러 오봉호(五峯蠔)라 하는데 곧 여산(蠣山)이 이것이다。

홍밀주알(石肛蠔)

모양은 오랫동안 이질을 앓은 사람이 탈항(脫肛)한 것 같고、 빛깔은 검푸르다。 조수가 미치는 곳의 돌 틈에 서식한다。 모양은 타원형이나 돌에 따라서 그 모양이 다르다。 다른 물체가 침범하면 오그라들어 작아진다。 복장(腹臟)은 오이 속과 같은데、 육지 사람들은 이것으로 국을 끓인다 한다。

석사(石蛇)

그 크기나 서려 엉클어진 모습이 작은 뱀처럼 생겼으며, 몸은 굴껍질 같은데 속이 텅빈 것이 대와 같다. 몸에는 콧물 같기도 하고 가래침 같은 것이 있으며, 빛깔은 연붉다. 깊은 물속의 돌틈에 부착한다. 용도는 아직 모른다.

대체로 돌에 붙어 움직이지 않는 것이 굴통(蠔)인데, 이것들은 모두 난생이다.

도홍경(陶弘景)의 〈본초〉(本草) 주(注)에 이르기를 굴은 백세학(百歲鶴)이 변한 것이라고 했고 또 도가(道家)의 술법에서는 왼쪽으로 돌아보면 수컷이므로 숫굴(牡蠣)이라 이름하고, 오른쪽으로 돌아보면 암굴(牝蠣)이라 하는데, 혹은 뾰족한 머리(尖頭)로써 왼쪽으로 돌아본다고도 하나 어느 말이 옳은지 확실하지 않다고 했다. 구종석(寇宗奭)이 말하기를 모(牡)는 수컷(雄)을 일컫는 것이 아니다. 또 모단(牡丹)의 경우도 이와 같다. 어찌 빈단(牝丹)이 있을까 보냐. 더욱이 이것은 눈이 없는데 어떻게 좌고우면할 수 있을까 보냐 했다. 이시진이 말하기는 방합(蚌蛤) 종류는 거개가 태생(胎生) 또는 난생(卵生)이다. 그런데 이것만이 유독 화생(化生)이다. 순전히 수컷뿐, 암컷이 없기 때문에 수컷이라는 이름자(牡名)를 얻게 된 것이라 했다. 그러나 지금의 굴 종류는 난생(卵生)이다. 속칭 난생(卵生)은 살이 줄어든다고 한다. 반드시 다 화생(化生)인 것은 아니다.

고 동 (螺)

대체로 소라 종류는 모두 껍질이 돌같이 단단하며, 표피가 거칠고 안이 미끄럽다. 미봉(尾峯) 봉우리란 위에 있는 것이나 소라에 있어서는 꼬리에 있다)에서 왼편으로 골을 만들면서, 서너바퀴 선회하는데, 그 골이 점차 빠르고 커져 간다. 끝봉우리는 뾰족하게 돌출해 있으나 두록(頭麓)은 풍부하고 크다(麓이 아래에 있으면서도 머리라 부르는 것은 소라의 경우에 있어서 그러하다). 골이 끝나는 곳에 둥근 문이 있다. 이 문으로부터 봉우리에 이르기까지 돌아 들어가는 동(洞)이 있다. 이것이 곧 소라의 체내이다. 소라의 몸은 그 껍질속과 같이 머리가 둥글고 꼬리가 뾰족하며, 얽혀 돌아가는 양이 새끼줄 모양으로 되었는데 껍질 속을 가득 채우고 있다. 어디 갈 때에는 문을 열고 나가 그 몸의 등(背)으로 껍질을 메고 다니며, 멈추면 곧 그 몸을 움츠린다. 둥근 덮개(圓蓋)가 머리에 있는데, 이것으로써 그 문을 막는다(덮개의 빛깔은 검붉은 색으로 두께가 개가죽같이 엷다).

파도를 따라 표전(漂轉)하나, 헤엄치지는 못한다. 꼬리엔 위와 장이 자리잡고 있다. 색깔은 검푸르거나 횟누렇다.

소라(海螺)

큰 놈은 그 껍질의 높이와 너비가 각각 네다섯치 정도이다。그 표면에 미세한 구멍이 있는데, 그 모양이 마치 노란 외(黃瓜) 껍질과 같으며, 골 가를 따라 꼬리부터 머리까지 늘어서서 줄을 이루고 있다。빛깔은 황흑색이다。안쪽은 매끄럽고 광택이 있으며 적황색이다。 맛이 복어 처럼 달다。국으로 만들어 먹거나 구워 먹어도 좋다。

〈본초도경〉에는, 해라(海螺)는 곧 유라(流螺)이며 염(厴)은 갑향(甲香)이라 했고, 〈교주기〉(交州記)에는 가저라(假豬螺)라고 기록되어 있다。이것이 곧 소라이다。

구죽(劍城贏)

큰 놈은 그 껍질의 높이와 너비가 각각 대여섯치 정도이며, 문 바깥의 나선형 골이 끝나는 곳 가장자리에 둘러싸인 성(城)은 칼날같이 날카롭다。문에서 곧 하나의 골이 시작되고 있는데, 이 골의 안쪽 골언덕(溝岸—이것에는 안팎이 있다)은 험하게 깎여져 날카로운 각(角)을 이루고 있으며 각(角)의 끝도 역시 날카롭고 바깥 골(外溝)의 끝도 역시 모두 높이 솟아 있다。이것을 잘 갈아서 술그릇(酒器)이나 등기(燈器)를 만든다。

다사리(小劍螺)

이는 구죽(劍城螺)의 작은 놈으로서 몸이 조금 길며, 각(角)이 약간 짧고 과유(瓜乳)가 약간 돌출해 있다。큰 놈은 높이가 세 치 정도이고 빛깔은 희거나 혹은 검고 안쪽은 황적색이다。맛은 달면서도 매운 기가 있다。

양다사리(兩尖螺)

이는 다사리(小劍螺) 종류로서 꼬리뿔(尾角)이 매우 더 날카롭고 바깥 문이 약간 좁다。 바깥 문은 안 문과 바깥 성(城)의 둘레 가운데로 맨 먼저 들어가는 큰 구멍이다。 골의 가장자리는 모두 날카로운 능(稜)을 이루고 있다。

평봉다사리(平峯螺)

큰 놈은 지름과 높이가 모두 세 치 정도이고 끝봉우리는 평평하다。 골(旋溝)은 세바퀴쯤 도는데 불과하나 굵고 형세가 몹시 급하다。 그러므로 머리둘레 부분이 매우 크고 가장자리는 미끄럽고 넓다。 과유(瓜乳)는 없다。 바깥쪽은 황청색이나 안쪽은 흰색이다。 얕은 물에 있으며 모래를 파고 몸을 숨긴다。

다래끄둥(牛角螺)

큰 놈은 높이 두세 치 정도로 모양은 쇠뿔을 닮았다。 골(旋溝)은 六~七회 정도이며 과유(瓜乳)가 없고 무늬가 있다。 그 무늬는 가죽이나 종이를 문지른 것처럼 되었다。 안쪽이 희다。

창대가 말하기를, 산속에도 이것이 있는데, 큰 놈은 높이 두세 자 정도이고 때로는 소리를 내는데 그 소리는 몇 리 떨어진 곳에서도 들을 수 있다。 소리를 찾아가면 그 소리 또한 다른 곳에 있어 일정한 곳을 알 수가 없다고 했다。 나도 더러 찾아보았으나 규명할 수가 없었다。 지금 군대에서 부는 소라가 이 다래고동이다。

〈도경본초〉(圖經本草)에서 말하기를, 사미고동(梭尾螺)의 모양이 북(梭―織具)과 같다。 요즘의 불제자(佛弟子)들이 부는 것이 이것이라 했다。 다래고동이 곧 이것이다。 소라를 부는 것은 원래 남만의 풍속인데, 우리나라에서는 군대에서 사용하고 있다。

삼고동(麤布螺)

높이가 한 치 남짓되고 지름은 두 치가 조금 못된다。 미봉(尾峯)은 그다지 뾰족하지 않은 편이며 머리 부분은 넓고 크다。 골의 가장자리가 거친 베(麤布) 무늬로 이루어져 있는데, 그 무늬는 회색바탕에 자색(紫色)을 띠고 있으며 그 안쪽은 청백색이다。

명주고동(明紬螺)

곧 삼고동의 종류이다。 골의 가장자리가 명주 무늬로 이뤄져 있으며 체색은 검푸르다。 그 고깃살은 삼고동은 연하나 명주고동은 질긴 것이 서로 다른 점이다。

횃고동(炬螺)

이른바 삼고동 종류이다。 끝봉우리는 약간 뾰족하고 머리 부분은 조금 작다。 그러므로 높이가 약간 더 높은 편이다。 바깥색은 보라색이며 그 고깃살의 꼬리엔 사토(沙土)가 있는 것이 다른 점이다。 대채로 소라를 잡는 방법은, 밤에 불을 피우면 낮보다 낫다。 이 소라는 매우 흔한 편이다。 불을 피우면 매우 많이 잡을 수 있기 때문에 횃고동이라는 이름이 주어졌다。

감상고동(白章螺)

이는 횃고동의 종류로서 끝봉우리가 더욱 뾰족하고 머리 부분이 매우 작으며 크기는 한 치에 불과하다。 회색 바탕에 흰 무늬가 있다。 골의 가장자리 위쪽에 또 가느다란 골이 있어, 마치 실낱 같다。 이것이 그 특징이다。 매우 흔한 편이다。 명주고동과 같이 물이 얕은 곳에 서식한다。

딱지고동(鐵戶螺)

이것은 명주고동의 일종으로 껍질의 무늬가 약간 거칠며, 빛깔은 황홍색(黃紅色)이다。 대채로 소라의 둥근 덮개는 그 엷기가 흰 종이 같고 무르기가 마른 잎과 같은데 유독 이것의 덮개만은 가운데가 솟아나고 가장자리가 두꺼워 반으로 쪼개진 콩과 같으며 그 단단하기가 쇠같다는 점이 다른 점이다。

은행고동(杏核螺)

크기는 은행 알과 비슷하고 모양도 역시 닮았다。 끝봉우리가 약간 나오고 빛깔은 희고 붉다。

뾰족고동(銳峯螺)

크기는 七~八푼에 불과하다。 끝봉우리는 몹시 날카롭고 뾰족하며 머리 부분은 협소하다。 그 빛깔은 보라색이거나 회색이다。

대체로 소라속에 함께 사는 게가 있기도 한데、 바른편 다리와 집게발은 다른 게와 같으나 다만 좌변의 다리가 없고、 소라의 꼬리로 이어지고 있다。 역시 전진할 때에는 껍질을 업고 가다가 멈추면 즉시 껍질 속으로 들어간다。 단 둥근 문은 없다。 맛도 게와 같고 꼬리만은 소라의 맛과 같다。 혹 이르기를、 고동 가운데 이 종류가 있다고 하나 소라의 여러 종류에는 다 때때로 기생하는 게가 있으므로 반드시 따로 이 종류가 있는 것이 아니다。

창대의 말에 의하면 게가 고동을 먹고 변하여 소라가 되어、 그 속에 들어가 거처한다。 소라의 기(氣)가 다하였기 때문에 썩은 껍질을 업고 가는 놈도 있는데、 만약 원래 껍질 속에 있는 것이라 한다면、 그 육신이 죽지 않고 껍질이 먼저 썩는 일이란 없는 것이다 했다。 이 말도 또한 이치가 있지만、 반드시 믿을 수 없어 의심스러운 바다。 살피건대 게란 놈은 다른 종족에게 기생하는 것이 있는데 방(蚌)의 뱃속에 사는 놈도 있다。 이는 이시진이 말한바 여노(蠣奴)인 것이며 일명 기거해(寄居蟹)라고 하는 것이 이것이다(위의 합조[蛤條]를 볼 것)。 소길(瑣蛣)의 뱃속에서 사는 놈도 있는데 곽박(郭璞)은 이를 강부(江賦)에서 「소길복해(瑣蛣腹蟹)라 했고 송능집(松陵集) 주에는 소길은 방(蚌)과 비슷하여 배안에 작은 게가 있는 바、 그 게는 소길을 위해 먹이를 구하러 밖으로 나오는데 혹 구하지 못할 때에는 소길은 굶주려 죽기도 한다。 이를 일컬어 해노(蟹奴)라 한다。〈한서〉 지리지(漢書地理志)의 회계군 길기정(會稽郡鮚埼亭) 주(注)에、 사고(師古)가 이르기률 길(蛣)은 길이 한 치, 너비 두 푼이며 한 마리의 작은 게가 그 배 안에 들어 있는 것이 이것인데, 쇄길(瑣蛣) 또는 해경(海鏡)이라 한다 했다. 〈영표녹이〉(嶺表錄異)에 이르기를 해경(海鏡)은 두 쪽(片)이 합함으로써 모양이 이루어진다. 껍질(殼)은 둥글고 가운데는 매우 맑고 미끄러우며 안에는 약간의 고깃살이 있어 방태(蚌胎)와 같고 배안에 붉은 게의 새끼가 있다. 그 작은 것은 노란 콩만하며 집게발을 지니고 있다. 해경(海鏡)이 굶주리면 그 속에 든 게는 기어나와 먹이를 잡아 먹는다. 게가 포식(飽食)하여 배 안으로 돌아오면 또한 해경(海鏡)도 배가 부른다. 〈본초강목〉에 해경(海鏡)은 일명 경어(鏡魚), 일명 쇄길(瑣蛣), 일명 고약반(膏藥盤), 껍질은 둥글고 거울과 같으며 햇빛이 비치면 운모(雲母)와 같이 빛난다. 기생(寄生)한다고 하는 게가 곧 이것이라고 했다. 또 〈박물지〉(博物志)에 이르기를 남해에 물벌레(水蟲)가 있는데 그 이름이 괴(蒯)로서 조개의 한 종류이다. 그 속에 작은 게가 있는데 크기가 느릅(楡莢)열매 같다. 괴(蒯)가 껍질을 열고 나와 먹이를 섭취하면 게도 역시 나와서 먹이를 먹는다. 괴가 껍질을 닫으려 하면 게도 되돌아 껍질 안으로 들어가는데, 이때 괴를 위하여 먹이를 가지고 돌아온다고 했다. 이것 또한 해경(海鏡)이 아닌가 한다. 소라에는 본래 껍질을 빠져 나왔다가 되돌아가는 것이 있다. 그러므로 〈습유기〉(拾遺記)에서는 함명(含明)이라는 나라에 큰 소라가 있는데, 이름을 나보(躶步)라고 했다. 그 껍질을 메고 덧없이 가다가 차가와지면 다시 그 껍질속으로 들어간다고 했다. 즉 이것이 고동이다. 그 고동껍질 안에 또 기생하는 것이 있다. 〈이원〉(異苑)에서 말하기는 앵무고동은 그형태가 새를 닮아 항상 껍질을 벗어나 헤엄친다. 아침에 나오면 거미 같은 벌레가 고동의 껍질속에 들어가고, 저녁에 되돌아오면 이 벌레가 나온다. 이것이 유천(庾闡)이 말한 바 앵무조개가 안에서 헤엄칠 때는 기생하는 생물이 껍질을 집어지고 있다는 것이라고 했다. 〈본초습유(本草拾遺)〉에서는 말하기를 기생충은 고동껍질 사이에 있으나 고동은 아니다. 나합이 열리는 것을 엿본 후 스스로 나와서 먹이를 먹다가 나합이 합해지려고 하면 미리 껍질 속으로 되돌아온다. 바다 생물 중에는 그것에 기생하는 종류가 많다. 남해에 거미 비슷한 일종이 있는데 고동껍질 속에 들어가 그 껍질을 쓰고 달리다가 이에 물체가 닿으면 고동과 같이 움츠려 버린다. 불로 구우면 곧 나온다. 일명 정(蟶)이라 한다 했다. 곧 고동의 동방(洞房)은 바다의 생물들이 많이 기생하는 곳이다. 대개 게는 원래부터 기생을 좋아하며, 고동은 또한 이를 곧잘 받아들이기 때문에 한 집안에 기생한다는 이치는 의심할 바가 없다. 단 게의 몸에다 고동 꼬리를 지니고 있는 것이 한 특례이다.

밤송이조개 (栗毬蛤)

밤송이조개(栗毬蛤)

큰 놈은 지름이 서너치 정도로 고슴도치처럼 생긴 털 가운데에 밤송이 같은 껍질이 있다. 방은 다섯 판(瓣)으로 원을 이루고 있으며, 전진할 때에는 온몸의 털이 다 흔들리고 꿈틀거린다.

꾹대기에 입이 있는데、 손가락이 들어갈 정도이며 방(房) 속에는 알이 있다。 알의 모양은 응결되지 않은 쇠기름(牛脂) 같고、 색은 노랗다。 또한 다섯 판의 사이사이는 살털(矢毛)이 있다。 껍질은 검고 무르고 연하여 부서지기 쉽다。 맛은 달다。 날로 먹기도 하고 혹은 국을 끓여 먹기도 한다。

승률조개(僧栗毬)

밤송이 조개에 비하여 털이 짧고 가늘며 빛깔이 노랗다는 것이 다른 점이다。 창대(昌大)는 말하기를、 지난날 한 구합(毬蛤)을 보았는데 입 속에서 새가 나왔다고 한다。 머리와 부리가 이미 형성되어、 머리에 이끼 같은 털이 나려고 했다。 그것이 이미 죽은 것인가 의심하여 만져보았더니 움직이는 것이 평일(平日)과 별로 다를 바가 없었다。 그 껍질 속의 모양은 보지 않았으나 이것이 변하여 파랑새가 된 것이다。 사람들은 이것이 변하여 새가 된다고 한다。 흔히 말하는 율구조(栗毬鳥)가 이것이라고 했다。 지금 이것을 경험한 바、 과연 그렇다。

구음법 (龜背蟲)

구음법(龜背蟲)

모양은 거북 등을 닮았고 빛깔도 거북이와 비슷하나 단지 등 껍질이 비늘로 되어 있다。 크기

는 거머리만하며 발이 없고 배로써 전진하는 모습이 전복과 같다。돌 틈에서 사는 놈은 작아길
강(蛞蝓)과 같다。먹을 땐 쪄서 비늘을 벗겨 먹는다。

개 부 전 (楓葉魚)

개부전(楓葉魚)

큰 놈은 지름이 한 자 정도로 껍질은 유자껍질과 같다。구석의 뿔은 일정하지 않으나 서넛 혹은 대여섯 개가 나와 있는 양이 단풍나무 이파리 같다。두께는 사람 손과 같으며 빛깔은 푸르고 매우 선명하다。속에는 단루(丹縷)가 있어 극히 깨끗한 무늬를 이루고 있다。배는 노랗고 입은 가운데에 있으며、뿔끝에는 좁쌀 같은 것들이 붙어 있어 마치 문어의 흡판(菊蹄)과 같은데 이것으로 돌에 부착한다。배안에는 장(腸)이 없는 것이 오이속과 비슷하다。암석에 붙어 있기를 좋아한다。비가 올 듯하다가 오지 않을 때에는 단지 뿔 하나만을 붙이고 몸을 늘려서 아래로 드리운다。바닷사람들은 이것으로써 비의 점을 친다。용도는 아직 듣지 못하였다。

뿔이 셋인 놈은 물밑 바닥을 떠나지 않는다。지름은 三~四자로서 그 뿔이 길게 나와 있으며、몸이 매우 작고、등은 두꺼비를 닮아 거칠다。진황(眞黃)색과 진흑(眞黑)색이 서로 엇갈린 콩알만한 반점이 어지러히 나타나 있다。

살피건대 이것은 곧 해연(海燕)이다。〈본초강목〉에는 해연은 개부(介部)에 실려 있다。이시진의 말에 의하면 모양은 평평하고 면(面)은 둥글고 등은 검푸르며 배(腹)밑은 희고 무르며 버섯과 같은 무늬가 있다。입은 배 밑에 있고 입가에 다섯 갈래의 곧은 갈고리 같은 것이 있는데 이것이 곧 그 다리이다。〈임해수토기〉에 의하면 양수족(陽遂足)은 바다에서 나고、빛깔은 검푸르며 다리가 다섯이 있으나 머리와 꼬리는 알 수가 없는 바 곧 이것을 가리킨 말이라 했다。

雜 類

해 충(海蟲)

바다좀(海蚤)

크기는 밥알만하고 새우처럼 곧잘 뛰지만 수염은 없다. 항상 물 밑바닥에 있다가 죽은 물고기를 보면 그 뱃속으로 들어가 취식(聚食)한다.

개강귀(蟬頭蟲)

길이는 두 치 정도, 머리와 눈은 매미를 닮았다. 두 개의 긴 수염이 있고 등껍질은 새우와 비슷하며 꼬리는 갈래져 있고, 그 끝이 또 갈래져 있다. 여덟 개의 다리가 있고, 배안에 또 두 개의 가지가 나와 있는데, 그 모양은 매미의 입과 비슷하다. 이것으로써 알을 품는다. 잘 달리고 헤엄도 잘 치므로 양서류처럼 물에서나 육지에서나 서식하지 않는 곳이 없다. 빛깔은 담흑(淡黑)색이며 광택이 있고 염발의 돌틈에 산다. 큰 바람이 불 조짐이 보이면 사방으로 흩어져 떠돌아다닌다.

지방사람들은 이를 보고 바람을 예견하기도 한다.

해인(海蚓)

길이가 두 자 정도이며, 몸은 둥글지 않고 엷다. 지네를 닮았다. 가늘고 잔 발이 있으며 이빨이 있어서 물기도 한다. 소금밭의 모래 돌 틈에 서식한다. 물고기의 낚시 미끼로 쓰면 매우 좋다.

쏘(海蹭䗪)

머리는 콩처럼 생겼고 머리 아래 부분은 근근히 형체를 구비하고 있으나 콧물과 흡사하다. 머리는 매우 단단하고 입부리는 칼날과 같아서 잘 벌렸다 닫았다 한다. 배 판자를 갉아먹기를 나무좀과 같이 한다. 담수(淡水)를 만나면 죽는다. 조수(潮水)가 급한 곳에는 나아가지 아니하고 대개 잔잔한 물에서 서식한다. 그래서 동해의 뱃사람들은 이를 심히 두려워한다. 그것들은 간혹 해양 가운데에 개미와 같이 떼지어 나타나는데, 항해하는 배는 이를 만나면 속히 뱃머리를 돌려 피해야 한다.

배 판자를 연기로 그을러 두면 침범하지 못한다.

바다물새 (海禽)

오지(鸕鷀)

크기는 기러기만하며 색깔은 까마귀와 같고 털이 총총하고 짧다. 꼬리와 다리가 모두 역시 까마귀와 같다. 볼에 흰털이 있는데, 그 볼 모양이 닭과 비슷하다. 윗부리가 길고 구부러진 것이 송곳과 같고 그 끝이 매우 날카로와 물고기를 잡을 적에는 그 윗부리로써 물고기를 찔러 물어낸다. 이빨은 칼날 같고 다리가 오리발 같아서 물속에 들어가 물고기를 잡아 내는데, 한참 동안 숨을 쉬지 않고도 버틸 수 있는 기운을 지니고 있는 것이 문자 그대로 물고기의 매(鷹)라 하겠다. 밤에는 절벽에서 자고, 인적이 끊긴 곳에서 알을 낳는다. 맛은 달고 약간 노린내가 나며 온몸에 기름기가 많다. 작은 놈은 머리가 약간 작지만 부리는 더욱 날카롭고, 볼의 흰털이 없으며, 물고기를 잡는 힘이나 담력은 큰 놈만 못하다.

〈이아〉(爾雅) 석조편(釋鳥篇)의 자일(鶿鷧)의 파주(郭注)에 노(鸕)는 자(鷀)라고 했고, 〈정자통〉에는 보통 자로(慈老)라 부른다고 했고, 〈본초강목〉에서는 일명 수로아(水老鴉)라 했고, 이시진은 예(鷖)를 닮아서 작고 빛깔이 검어서 까마귀 같으며 긴 부리가 조금 구부러져 있는데다 곧잘 물속에 잠겨 있다가 물고기를 잡아먹는다고 했다. 두보(杜甫)의 시(詩)에 집집마다 오귀(烏鬼)를 기른다고 한 것은 이것을 일컫는 것이다(그 오줌을 蜀水花라고 한다)。또 혹자(或者)는 말하기를 오지는 태생으로 새끼를 토해 낸다고 하였으나 구종석(寇宗奭)은 난생(卵生)이라고 명시하였다(〈본초강목〉에도 같다)。이는 오지조(烏知鳥)가 분명히 노자임을 말하고 있는 것이다。

수조(水鵰)

육지에서 나는 놈과 다를 바 없으며 발 하나는 매를 닮고 다른 하나는 오리와 비슷하다。

갈매기(海鷗)

흰 놈의 형색은 강에서 사는 것이나 바다에서 사는 것이 모두 같다。노란 놈은 약간 크고 빛깔은 희고 노라며 윤기가 있다。검은 놈(俗名 : 걸구 乞句)은 등 위가 담흑색으로서 밤에는 물가의 돌 위에 깃들다가 닭이 울면 따라 우는데 그 소리가 노랫소리를 닮았다。새벽녘이 될 때까지 쉬지않고 울다가、날이 밝아올 무렵 물가로 달려간다。

존지락(鷀燕)

크기가 메추라기와 같고 모양은 제비를 닮았으며 꼬리와 날개가 다 짧다。등이 검고 배가 흰 점은 까치와 비슷하다。알의 크기는 달걀과 비슷하며 때로는 난산(難產)하다가 죽는 놈도 있다。능히 넓은 바다의 깊은 물속에 잠겨 헤엄치면서(대체로 水鳥는 다 얕은 물속에 있음) 새우를 잡아먹는다。항상 무인도(無人島)의 돌틈에 살며 동 트기도 전에 바다로 나온다。만약 조금 늦을 적이면 지조(鷙鳥)의 습격을 받을까 두려워 종일 숨어 지낸다。 그 알은 먹을 수 있으며 그 고기는 기름이 많고 맛이 매우 좋다。

조개새(蛤雀)

크기는 제비만하고、 등이 푸르며 배가 희고 부리가 빨갛다。 큰 바다 물속에 들어가서 물고기를 잘 잡는다。 바닷사람들은 이 새가 많고 적은 것에 따라 물고기잡이의 풍흉(豊歉——풍년흉년)을 점친다。

해 수(海獸)

물개(膃肭獸)

개를 닮아 몸이 크고、 털이 짧고 뻣뻣하며、 창흑황백(蒼黑黃白)의 점들로 이루어진 무늬가 있다。 눈은 고양이를 닮았고 꼬리는 당나귀를、 발은 개발을 닮았으며 발가락 붙은 것이 물오리 같을 뿐아니라 그 발톱이 매와 같이 날카롭다。 물에서 나오면 발톱이 펴지지 않으므로 걷지 못하여 누운 채로 전전긍긍하는 까닭에 항상 물속에서 헤엄치며 다닌다。 잠잘 때는 반드시 물가로 올라가서 자는데、 어부들은 그때를 타서 붙잡는다。 그 외신(外腎)은 크게 양기를 돕고、 가죽은 가죽신과 말안장과 가죽 주머니(皮囊) 등을 만든다。

〈본초〉(本草)에서는 올눌(膃肭)을 일명 골눌(骨貀)、일명 해구(海狗)라 부르고 수놈의 생식기는 일명 해구신(海狗腎)이라고 부른다 했다。구종석(寇宗奭)이 말하기를 그 모양은 개도 아니요、짐승도 아니요 또 물고기도 아니다。단지 앞다리는 짐승을 닮았고 꼬리는 물고기를 닮았다。배나 옆구리 아래쪽은 전부 흰색이다。몸에는 짧고 조밀한 담청백색의 털이 있다。털 위에 짙은 검푸른색의 점이 있다。가죽은 두껍고 질기기가 소가죽 같아서 변방의 장수들이 많이 잡아 말안장을 장식한다。우리나라에서 해표(海豹)라고 부른 것은、그 가죽의 무늬가 표범과 같기 때문이다고 했다。견권(甄權)이 이르기를 올눌제(膃肭臍)는 신라국(新羅國)의 바다에 있는 물개의 외신(外腎)을 말하는데 물개가 입수되면 반드시 이 외신을 딴다고 했다。

〈당서〉(唐書)의 신라전(新羅傳)에 이르기를、개원(開元)중에 아주 작은 말(果下馬)과 어아(魚牙)와 비단과 물개가죽을 바쳤다고 했는데、삼국사(三國史) 신라본기(新羅本紀)에도 또한 이 사실이 적혀 있다。즉 고황(顧況)의 종형(從兄)이 신라(新羅)에 사신으로 갔었을 적에 쓴 시(詩)에「물개가 가로로 물결을 뿜는다」라고 기록돼 있다。모두 근거가 될 만하다。그러나 우리나라 사람들은 이것을 가리켜 물소라고 하는데、이것은 아주 잘못된 기록이다。

해 초(海草)

해조(海藻)

길이는 二~三 자쯤 되고, 줄기의 굵기는 힘줄(筋)과 같다。 줄기에서는 가지가 나고 가지에서는 또 곁가지가 나고, 곁가지에서 또 무수히 가느다란 가지가 나 있으며 그 가지 끝에 이파리가 나 있는데, 그 이파리의 천사만루(千絲萬縷)가 곱고 부드러우며 나약하고 섬세하다。 그 뿌리를 뽑아 거꾸로 걸어 놓으면 흡사 수천 가지가 늘어진 버드나무와 같다。 조수가 밀려오면, 그에 따라 유동하는 양이 춤추는 것 같고 취한 듯하며, 조수가 쓸려가면 이파리들이 떨어지고 쓰러져 여기저기 흩어져 어지럽다。 색깔은 검다。 종류는 세 가지가 있다。 가지 끝에 밀알 같고 속이 빈 것을 기름조(其廩藻)라 부르고 녹두알과 같고 속이 빈 놈을 고동조(高動藻)라고 부른다。 이 두 해조(海藻)는 데쳐먹기도 하고 국을 끓여 먹기도 한다。 그 줄기가 조금 단단하고 잎이 조금 크며 빛깔이 약간 보라색으로서, 가지끝에 달린 것이 콩알 같고 속이 빈 것을 태양조(太陽藻)라고 부른다。 이 태양조는 먹어서는 안되는데 一○월에 묵은 뿌리(宿根)에서 돋아나 六~七월에 떨어진다。 이것을 거둬 말려서 보리밭의 거름으로 사용한다。 차가운 기가 많아서 깔고 앉으면 오랫동안 찬기가 가시지 않는다。 대체로 해조는 다 뿌리를 돌에 붙이고 있다。 그 뿌리를붙인 곳은 모두 층차(層次)가 있어 서로 얽히지 않는다。 조수가 쓸려간 후에 그 대열(帶列)을 보면 이것들은 최하대(最下帶)에 있다。

〈본초〉(本草)에서는 해조(海藻)를 일명 담 또는 낙수(落首)、 해라(海羅)라 했고、 도홍경(陶弘景)은 말하기를 검은 빛깔이 흩어진 머리칼 같다고 했으며、 손사막(孫思邈)의 말에 의하면 대체로 천하에 가장 찬 것은 조채(藻菜)라고 했다。 이는 곧 해조를 가리킨 말이다。 단 진장기(陳藏器)에 의하면 대엽조(大葉藻)는 깊은 바다 속에서 나는데 신라국(新羅國)의 대엽조는 수조(水藻) 같으나 더 크다。 바닷사람들은 새끼를 허리에 매고 물에 들어가 이것을 딴다。 정월 이후에는 큰 물고기가 사람을 해치는 일이 있으므로 이때에 따서는 안된다고 했다。 대엽조가 우리나라에서 나는 해조류라 했는데、 그러나 지금까지 아직 들어본 바 없다。

미역(海帶)

길이는 열 자 정도로서 한 뿌리에서 잎이 나오고 그 뿌리 가운데에서 한 줄기가 나오고、 그 줄기에서 두 날개가 나온다。 그 날개 안은 단단하고 바깥 쪽은 부드러우며、 주름이 도장을 찍은 것과 같다。 그 잎은 옥수수잎과 비슷하다。 一~二월에 뿌리가 나고 六~七월에 따서 말린다。 뿌리의 맛은 달고 잎의 맛은 담담하다。 임산부의 여러 가지 병을 고치는 데 이보다 나은 것이 없다。 그것들이 자라는 곳은 해조(海藻)와 같은 지대(地帶)이다。

〈본초강목〉에는 해대(海帶)는 해조(海藻)를 닮았으나 거칠고 부드럽고 질기며 길다。 이를 먹으면 주로 성장을 재촉하고 부인병을 고친다 했는데 이는 곧 이 미역이다。

며아재비(假海帶)

매우 무르고 엷으며 국을 끓이면 아주 미끄럽다。

흑대초(黑帶草)

그 하나는 검기가 미역과 같고、 다른 하나는 붉은 색이다。 모두 뿌리가 심어져 있는데 매우 미세할뿐 아니라 다 같이 줄기가 없다。 모양은 검은 비단과 같다。 띠(帶)의 길이는 수 자나 된다。 또 하나는 길이가 二~三자나 되는데、 떠는 가지와 같이 생겼고 빛깔은 검으며 그것이 나는 수층(水層)은 모두 해조(海藻)와 같은 수층이다。 용도는 아직 듣지 못하였다。

적발초(赤髮草)

돌에 붙어 뿌리가 생기고、 뿌리에서 줄기가 나고、 줄기에서 가지가 나고 가지에서 또 잔가지가 난다。 빛깔이 붉고 천사만루(千絲萬縷)로서 마치 말의 목덜미의 털 같다。 그것이 자라는 수층은 해조와 같은 수층이다(용도는 아직 듣지 못하였다)。

지종(地騣)

길이가 八~九자 정도로、 하나의 뿌리에 하나의 줄기가 있다。 줄기는 가늘기가 선(線) 같으며 거친 털이 있다。 줄기마다 짧은 털이 八~九개 나 있고、 위 아래가 밀착하여 여지(餘地)가 없다。 조수가 쓸려갈 때 바라보면 일대(一帶)가 숲을 이루어 나부끼는 모양이 흡사 말털과 같다。

빛깔은 황흑색으로서 해조의 상층(上層)에 난다. 용도는 보리밭의 거름으로 쓰인다.

토의채(土衣菜)

길이는 八~九자 정도다. 한 뿌리에 한 줄기가 난다. 줄기의 크기는 새끼줄 같으며, 잎은 금은화(金銀花)의 꽃망울을 닮아 가운데가 가늘고 끝이 두툼한데, 그 끝은 날카롭고 속이 비어 있다. 번식하는 지대는 지종과 같은 층이다. 맛은 담담하고 산뜻하여 삶아먹으면 좋다.

㊟ 一 금은화는 인동덩굴의 꽃을 말함.

김(海苔)

뿌리가 있는데 돌에 붙어 있으며, 가지가 없다. 돌 위에 퍼져 있다. 빛깔은 푸르다.

〈본초〉(本草)에는 건태(乾苔)에 대한 기록이 보인다. 이시진은 장발(張勃)의 〈오록〉(吳錄)을 인용하여 기록하기를 붉은 강리(江蘺)는 바닷물 속에서 생겨나는데 색은 푸른 색이고 줄기는 산발한 머리를 닮았다고 했다. 이는 모두 김을 가리키고 있다.

해추태(海秋苔)

잎의 크기가 상치 같고 가장자리엔 주름이 잡혀 있다. 맛은 싱겁고 씹으면 불어나 입에 가득찬다. 五~六월에 번식하기 시작하여 八~九월에 줄어든다. 그러므로 추태(秋苔)라는 이름이 붙었다. 지종이 있는 상층에 생긴다.

맥태(麥苔)

잎의 매우 길고 가장자리가 부드럽게 구겨진 양이 추태(秋苔)와 비슷하다。三~四월에 나기 시작하여 五~六월에 가장 무성하다。그러므로 맥태라는 이름이 붙여졌다。추태와 같은 수층에 서식한다。

상사태(常思苔)

잎의 길이가 한 자가 넘으며, 좁기는 부추잎과 같고, 엷기는 댓속 같으며 겉모양이 아름답고 윤기가 있다。빛깔은 짙은 푸른색이고 맛은 달아 태(苔) 종류 중에서 제일이라고 한다。一~二월에 나기 시작하여 四월에 줄어든다。그 발생하는 수층은 맥태(麥苔)보다 상층(上層)이다。

갱태(羹苔)

잎이 둥글게 모여있는 양이 꽃과 같으며 가장자리는 구겨져 있다。연하고 부드러워 국을 끓이기에 적당하므로 이런 이름이 붙여졌다。상사태(常思苔)와 같은 때에 나고, 서식하는 수층 역시 같다。

매산태(莓山苔)

누에실보다 가늘고, 쇠털보다 촘촘하며 길이가 수 척에 이른다。빛깔은 검푸르다。국을 끓이면 연하고 부드럽고 서로 엉키면 풀어지지 않는다。맛은 매우 달고 향기롭다。발생하는 시기는 갱태(羹苔)보다 조금 이르고, 서식하는 수충(帶)은 자채(紫菜) 위에 있다.

신경태(信經苔)

거의 매산태와 비슷하나, 조금 거칠고 짧다. 감촉은 조금 깔깔하고 맛은 싱겁다. 서식하는 수충(帶)과 시기는 매산태와 같다.

적태(赤苔)

모양은 말털을 닮아 약간 길며 빛깔은 붉고 감촉은 깔깔하고 맛은 싱겁다. 발생하는 때는 상사태(常思苔)와 같고, 그 서식하는 수충(帶)은 태류(苔類)의 최상층(最上層)에 속한다. 빛깔이 푸른 것도 있다.

저태(菹苔)

모양은 맥태(麥苔)와 비슷하다. 초겨울에 나기 시작하여 조수가 밀려가도 메마르지 않는 땅의 돌틈에서 번식한다. 이것이 다른 것과의 차이점이다.

감태(甘苔)

모양은 매산태를 닮았으나 약간 크며, 길이가 수 자 정도된다. 맛이 달다. 초겨울에 나기 시작하여, 짠 흙탕 물에서 자란다. 이상과 같은 여러 가지 태는 모두 돌에 붙어서 서식하고, 돌 위에 퍼져 있다。 그리고 빛깔이 푸르다。

자채(紫菜)

뿌리가 있는데 돌 위에 붙어 있다。 가지는 없다。 돌 위에 퍼져 서식한다。 빛깔은 검보라빛으로 맛이 달다。〈본초〉(本草)에는 자채(紫菜)는 일명 자연(紫蜒)으로 바다의 돌에 붙어 있으며 빛깔은 정청색(正靑色)이나 거두어 말리면 보라색이 된다。 그래서 자채라 말한다(김 종류이다)。

엽자채(葉紫菜)

길이와 넓이는 맥문동(麥門冬)의 잎을 닮았고 엽기가 댓속 같아서, 아름답고 윤택하다。 二월에 나기 시작하며 번식하는 수층(帶)은 상사태(常思苔)의 상층(上層)이다。

가자채(假紫菜)

모양은 갱태(羹苔)와 같으나 다만 흩어져 있는 돌에 나고, 돌벽(石壁)에는 나지 않는다。

세자채(細紫菜)

길이는 한 자 정도이며 좁고 침(鍼)처럼 가늘다。 조수가 밀려가는 땅에는 나지 않고 흐름이 없는 물속돌의 위에서 번식한다。 맛은 싱겁고 부패하기 쉽다。

조자채(早紫菜)

이른바 엽자채(葉紫菜)의 종류이다。 번식하는 시기는 九~一〇월이며 번식하는 수대(帶)는 엽자채보다 위이다。

취자채(脆紫菜)

모양은 엽자채(葉紫菜)와 같고、 토의채(土衣菜) 사이에 번식하며 성질은 변질되기 쉽다。 볕에 바래는 시간이 조금 길면 빛깔이 변하여 붉어지고 맛 또한 싱거워진다。

이상 여러 가지 자채(紫菜)를 다루는 방법은 먼저 깨끗히 씻어서 물기를 없앤 후 갈대발에 깔고 말려서 만든다。 속칭 이것을 앙자채(秧紫菜)라고도 부른다。 모내기(移秧)할 때에 먹는 음식이다。 조자채(早紫菜)는 나무틀을 반듯하게 짜서 그 안에 발을 걸고、 물에 넣어 본을 뜨기를 마치 종이를 만드는 것과 같이 하여 만든다。 속칭 이것을 해의(海衣)라고 부른다。 해태(김)를 다루는 법도 같다。

이시진은 말하기를 자채는 민월(閩越——福建省)의 해변에 많이 있는데、 잎이 크고 엷으며 사람이 비벼서 떡 모양으로 만들어 볕에 말리는 바 이것이 흔히 말려 판다 했다。 해의(海衣)이다。

석기생(石寄生)

크기는 三~四치 정도로 뿌리에 많은 줄기가 뻗어 있다。 줄기는 또 갈라져 가지와 잎이 생긴다。 처음에 생겨나는 놈은 모두 편편하고 넓으나 이미 편편하게 완성된 놈은 둥글 뿐 아니라 속이 약간 빈 것 같다。 얼핏 보면 기생하는 것 같다。 빛깔은 황흑색이고 맛은 담담하다。 국을 끓이면 좋다。 번식층은 자채가 번식하는 수층의 상층(上層)이다。

종가사리(騣加菜)

크기는 七~八치 정도이고 뿌리에 네댓닢이 나 있다。 잎 끝은 갈라진 놈도 있고 그렇지 않은 놈도 있다。 모양은 금은화(金銀花)의 꽃망울과 비슷하고、 속은 비어 있다。 부드럽고 미끄러우며 국을 끓이는 데 좋다。 번식대(帶)는 석기생(石寄生)의 위에 있다。

섬이가사리(蟾加菜)

뿌리와 줄기와 가지가 갈라져 번식하는 모습이 석기생(石寄生)과 비슷하다。 그러나 모두 섬세하고 깔깔하여 소리가 난다。 빛깔은 붉다。 햇볕에 오래 말려 두면 노랗게 변하며 매우 끈끈하고 미끄럽다。 이것을 이용하여 풀을 쓰면 밀가루와 다름이 없다。 번식하는 지대는 종가사리와 같다。 일본인(日本人)은 종가사리와 이것을 사기 위해 상선(商船)을 보낸다。 혹은 베와 비단에 바르는 데에도 사용한다고 한다。

이시진은 말하기를 녹각채(鹿角菜)는 바닷속의 돌언덕 사이에 번식하며 그 길이는 三~四치 정도、 크기는 철선(鐵線)과 비슷하고 끝이 갈라져 사슴 뿔(鹿角) 모양과 같으며、 빛깔은 자황색(紫黃色)인데、 물에 오랫동안 젖으면 곧 변하여 아교 모양으로 되고 여인들이 이용하여 머리를 빗으면 머리칼이 잘 붙어서 흩어지지 않는다고 했다。 〈남월지〉(南越志)에는 후규(猴葵)는 일명 녹각(鹿角)이라고 했다。 이는 종가사리와 섬이가사리가 모두 녹각채(鹿角菜)임을 말하는 것이다。

새발초(鳥足草)

새발초는 석기생(石寄生) 종류로서 줄기와 가지가 가늘고 미역(海帶)의 아래층(下層) 물이 깊은 곳에 자란다。

우모초(海凍草)

모양은 섬이가사리(蟾加草)를 닮았다。 단 몸이 납짝하다。 가지 사이에 잎이 있는데 매우 가늘고 빛깔이 보라색으로 특이하다。 여름에 삶아서 우무 고약을 만들면 죽이 굳어져서 맑고 매끄럽고 부드러워 씹을 만한 음식물이 된다。

나출우모초(蔓毛草)

가늘기가 사람의 머리칼과 같으며 가지나 줄기가 서로 얽혀져 있어 흩어진 머리와 같이 어지럽다。 낚시로 잡아 끌어올리면 섞여져 덩어리가 된다。 그러나 이것으로 우무고약을 만들면 돌에서 나는 것같이 단단하게 응결되어지지는 않는다。 빛깔은 보라색이고 번식지대는 녹조대(綠條帶) 사이이다。 땅에 붙지 않고 풀에 의지하여 난다。

가우모초(假海凍草)

모양은 쇠털을 닮았으나 보다 더 크고 길다。 돌 위에 총생(叢生)하며 쇠털보다 빽빽하다。 빛깔은 황흑색이다。또 한 종류가 있는데 길이는 약간 길며 한 자나 되는 놈도 있다。자채(紫菜) 사이에 번식하여、자채에 섞여 있다。

진질(綠條帶)

그 뿌리는 대와 같은 바、뿌리에 한 줄기가 나고 줄기에는 마디가 있다。추위가 시작될 즈음에는 마디에서 두 잎이 나온다。잎의 넓이는 八~九푼으로서 가운데와 끝이 평행되어 있다。봄이 되면 줄어들기 시작하여 가을이 되면 쇠락하는데 그 무렵엔 다음 마디에서 또 잎이 나온다。해마다 이를 반복하여 잎들이 가지런히 수면에 나와서 머문다。해가 오래되면 줄기에서 조대(條帶)와 같은 가지가 생기는데、그 가지는 약간 편편하나 아래는 그다지 넓지 않으며 위도 뾰족하지 않고 마디도 울퉁불퉁하거나 모지지 않아 잎을 내려 한다。끝 마디는 큰 편인데、큰 놈은 한 자 정도、그 위에 나오는 잎은 창포같다。줄기는 중간에 있고 그 끝 가까이 이삭이 있다。열매는 벼 쌀과 같다。줄기의 빛깔은 청백색、잎의 빛깔은 청록색으로서 모두 선명하여 사랑스럽다。그 길이는 일정하지 않은데 물이 얕고 깊음에 따라 다르다。모래와 진흙탕이 섞인 땅에서 번식한다。잎 사이의 줄기는 맛이 달다。풍랑이 있을 때마다 떨어진 잎이 밀려 물가에 이른다。이것으로 논에 거름을 한다。이것을 불에 태워 재를 만들어 바닷물에 거르면 소금도 만들 수 있다。그 잎이 말라 떨어지면 한장의 백지(白紙)가 되는데 그 밝고 깨끗함이 사랑스럽다。내 생각으로는 이 풀과 닥나무(楮)를 섞어서 종이를 만들면 더 좋을 것이다。그러나 아직 실험하지는 않았다。

폭진질(短綠帶)

녹조(綠條)를 닮았으나 줄기가 없다。 그러나 간혹 줄기가 있는 놈도 있으나 그 가늘기가 실 같으며 길이는 한 자 정도에 불과하다。 잎은 약간 좁고 단단하다。 열매는 없다。 얕은 물에서 번식한다。

고진질(石條帶)

잎이 가늘기가 부추 같고 길이는 네댓 자로서 열매가 없다。 번식지대는 미역 사이이다。 말려서 엮으면 부드럽고 질겨 지붕을 덮을 수 있다。

청각채(青角菜)

뿌리·줄 기·가지가 모두 토의초(土衣草)를 닮았으나 둥글다。 감촉은 매끄러우며 빛깔은 검푸르고 맛은 담담하여 김치 맛을 돋운다。 五~六월에 나서 八~九월에 다 성장한다。

가산호(假珊瑚)

모양이 고목(枯木)과 같고、 가지가 있으며 가지에 또 가지가 있다。 모두 가새목(杈枒)이다。 머리는 갈라져 있고 감촉은 돌과 비슷하다。 이것을 두들기면 쟁쟁한 소리가 난다。 그 열매는 무르고 약해서 손가락으로 퉁겨도 부스러진다。 모양이 들쑥날쑥하고 기이하여、 가지고 놀 만하다。 껍질의 빛깔은 새빨갛고 그 안은 희다。 바닷물의 가장 깊은 곳에 번식하며 때로는 낚시에 걸려 올라온다。

玆山魚譜(原文)

玆山魚譜

玆山者黑山也余謫黑山黑山之名幽晦可怖家人
書牘輙稱玆山玆亦黑也玆山海中魚族極繁而知
名者鮮博物者所宜察也余乃博訪於島人意欲成
譜而人各異言莫可適從島中有張德順昌大者杜
門謝客篤好古書顧家貧少書手不釋卷而所見者
不能博然性恬靜精審凡草木鳥魚接於耳目者皆
細察而沈思得其性理故其言爲可信余遂邀而館
之與之講究序次成編名之曰玆山魚譜旁及於海
禽海菜以資後人之考驗顧余固陋或已見本草而
不聞其名或舊無其名而無所可考者太半也只憑
俗呼俚不堪讀者輙敢創立其名後之君子因是而
修潤之則是書也於治病利用理則數家固應有資
而亦以補詩人博依之所不及云爾

嘉慶甲戌洌水丁銓著

序

玆山魚譜卷一

鱗類

石首魚 有大小數種

大鮸 俗名艾羽叱 大者長丈餘 腰大數抱 狀類鮸 色黃黑 味亦似鮸而益醲厚 三四月間浮出水面 凡魚之浮水而不能游潛者 多在春夏間 皆鰾中氣溢也 漁者徒手而捕 六七月間 捕鯊者設釣鉤于水底 鯊魚呑之而倒懸 鯊甚猛 故呑釣則掉其尾 使釣綸纏其身 用方則綸或絶 故勢必倒懸 則大鮸又呑其鯊 鯊之鰭骨 鯊有骨如錐 逆刺其腸 是成釣鐵 鮸不能拔 舉釣而隨上 漁者力不能制 或以索作套子而句出 或以手納其口 而搯其闇顋以出 闇顋者 魚之喉頰劲毛也 俗多數重疊 若密篦 俗呼句纖 凡魚鼻之用 只在嗅香 水之出納 闇顋司之○石首魚小者盡堅 中者有劃而下堅 大鮸則盡從如溦 史故入手不刺 肝有大毒 食之瞑眩 而發癬疥 能消瘡根 凡大魚之膽 皆消瘡毒 其膽治腹痛云○

晴案 石首魚有大小諸種 而皆腦中有石二枚 腹中白鰾可以爲膠 正字通云 石首魚一名鮸 生東南海中 形如白魚 扁身弱骨 細鱗 嶺表錄謂之石頭魚 浙志謂之江魚 又臨海志謂之黃花魚 然今此大鮸之形 諸書所未及也

鮸魚 俗名民魚 大者長四五尺 以周尺言之 下皆倣此 體稍圓 色黃白 背

青黑鱗大口巨味淡甘鰻熟俱宜乾者尤益人鰾可作
膠黑山海中錦黃或浮出水面或釣得羅州諸島以北
五六月網捕六七月釣捕其卵胞長數尺鹽醃俱美幼
者俗呼巖峙魚又有一種俗呼富世魚長不過二尺餘
○晴案鮸音免東音免民相近民魚即鮸魚也說文云
鮸鮮名出薉邪國薉者我國嶺東地也然今嶺東之海
未聞產鮸西南之海皆有之耳本草綱目石首魚乾者
名鯗魚能養人故字从養羅願云諸魚薨乾皆爲鯗其
美不及石首故獨得專稱以白者爲佳故呼白鯗若露
風則變紅色失味我國亦以民魚爲佳鯗民魚即鮸也

○又按東醫寶鑑以鮰魚爲民魚然鮰即鮠也生於江
湖而無鱗陳藏器誤以鮠爲鮸李時珍辨之鮰與鮸不
可混也

踏水魚 俗名曹機 大者一尺餘狀類鮸而體精狹味亦似鮸而
尤淡用如鮸卵宜鹽與陽外島春分後網捕七山海中
寒食後網捕海州前洋小滿後網捕黑山海中六七月
始夜釣 水清故晝不吞釣 已盡產卵故味不及春魚者腊之不
能耐久至秋稍勝○稍大者 俗呼甫九峙 體大而短頭小而
俯故腸後高味釅惟堪作鱐產於七山者稍勝而亦不
佳○稍小者 俗呼盤屋 頭稍尖色微白○最小者 俗呼黃石魚 長

四五寸尾甚尖味甚佳時入於漁網中○晴窠臨海異物志石首魚小者名踏水其次名春來田九成游覽志每歲四月來自海洋綿亘數里海人乃下網截流取之初水來者甚佳二水三水來者魚漸小而味漸減出本草綱目蓋此魚隨時趁水而來故名踏水也今人網捕之時遇其羣來得魚如山舟不勝載而海州輿陽網捕異時者以其隨時踏水也○又按博雅石首鯼也江賦注鯼魚一名石首魚而正字通明辨石首之非鯼本草綱目亦別載為二魚可按而知也

鯔魚有數種

鯔魚俗名秀魚大者長五六尺體圓而黑目小而黃頭扁腹白性多疑而敏於避禍又善游善躍見人影輒跳避水不至濁未嘗食畇水清則網在十步已能色擧雖入網中亦能跳出網在於後則寧出尾而伏於泥不肯向水也罥於網其伏於泥也全身埋土而惟以一目蜩動靜味甘而釀厚為魚族第一漁無定時而三四月産卵故此時網捕者多非鹵泥濁水不可襲取故黑山海中亦或有之而不可得○其小者俗呼登其里最幼者俗呼毛峙亦呼毛當又呼毛將

假鯔魚俗名斯魰狀同真鯔但頭稍大目黑而大尤驍捷黑山

所產只此種其幼者名夢魚○晴案本草鮨魚似鯉身圓頭扁骨軟生江海淺水中馬志云性善食泥李時珍云鮨魚色黑故名粵人訛爲子魚生東海有黃脂味美今人所稱秀魚即此也三國志注云介象与孫權論鱠魚象曰鮨魚爲上權曰此出海中安可得象令汲水滿埳垂綸須臾釣得鮨魚

鱸魚

鱸魚大者長丈體圓而長肥者頭小巨口細鱗鰓有二重而脆鉤薄貫易裂色白而有黑暈背青黑味甘而清四五月始生冬至後絶跡性善淡水每霖雨水盛釣者尋鹹淡水交會之際投釣即擧則鱸隨而吞釣産於黑山者瘦細而小味亦不如近陸之産其幼者俗呼甫鱸魚又呼乞德魚○晴案王字通鱸似鱖巨口細鱗長數寸有四腮俗呼四腮魚李時珍云鱸出吳中淞江尤盛四五月方出長僅數寸狀微似鱖而色白有黑點出本艸綱目益吳中之鱸短小与我國異也

强項魚

强項魚俗名道尾魚大者長三四尺形似鱸體短而高高居長之半背赤尾廣目大鱗似鰱而最剛頭項硬甚觸物皆碎齒最强能嚼螺蛤之甲含鉤而能伸能折肌肉頗硬味甘而醲湖西海西四五月網捕黑山四五月始生入

冬絶蹤

黑魚 俗名甘相魚 色黑而稍小

瘤魚 俗名伊魚 [illegible]狀類強項體稍長目稍小色紫赤而腦後有瘤大者如拳額下亦有瘤而煮之成膏味似強項而劣頭多肉甚醲厚

骨道魚 俗名多億道魚 大四五寸狀類強項魚色白骨甚硬味薄

北道魚 俗仍名 大者七八寸狀類強項魚色白味亦如之稍淡薄

赤魚 俗名剛性魚 狀如強項魚而小色赤康津縣之青山島海中多有之八九月始出 原編闕今補之 ○晴案譯語類解以道尾魚為家雞魚

鰣魚

鰣魚 俗名蠢時魚 大二三尺體狹而高鱗大而多鯁背青味甘而清穀雨後始漁於牛耳島自此而漸北六月間始至於海西漁者追而捕之然晩不如早○小者大三四寸而味甚薄○晴案爾雅釋魚云鯦當魱郭注云海魚也似鯿而大鱗肥美多鯁今江東呼其最大長三尺者為當魱類篇云鰣出有時即今鰣魚集韻鰣与鰣同李時珍云鰣形秀而扁微似魴而長白色如銀肉中多細刺如毛大者不過三尺腹下有三角硬鱗如甲其肪亦在

鮮甲中（出本艸綱目）此即今俗所稱鰲峙魚也○又按譯語類鮮以鰲峙魚為肋魚一名鯯刀魚本草綱目別有勒魚似鮮小首只於腹下有硬刺非今俗之鰲峙魚也

碧紋魚

碧紋魚（俗名斗登魚）長二尺許體圓鮮極細背碧有紋味甘酸而濁可羹可醢而不可膾鯆楸子諸島五月始釣七月絶蹤八九月復出黑山海中六月始釣九月絶蹤是魚晝則游行倏忽往來人不可追性又喜明故爇燃而夜釣又善游清水故網不得施云島人之言曰是魚乾隆庚午始盛至嘉慶乙丑雖有豐歉無歲無之丙寅以後歲歲减損今幾絶蹤近聞嶺南海中新有是魚其理不可知○稍小者（俗呼道全首發）頭稍縮形稍高色稍淡

假碧魚（俗名假古刀魚）體稍小色尤淡口小脣薄尾旁有細刺成行至翼而止味甘醲勝於碧紋

海碧魚（俗名拜學魚）狀同碧紋色亦碧而無紋體肥肉脆游行大海不近洲渚

青魚

青魚長尺餘體狹色青離水久則頰赤味淡薄宜羹炙宜鹽鯆正月入浦循岸而行以產其卵萬億爲隊至則蔽海三月間既産則退伊後其子長三四寸者入網乾隆

庚午後十餘年極盛其後中衰嘉慶壬戌極盛乙丑後
又衰盛是魚冬至前始出於嶺南左道遵海而西而北
三月出於海西海西者倍大於南海者嶺南湖南迭相
衰盛云○昌大曰嶺南之產脊骨七十四節湖南之產
脊骨五十三節○晴案青魚亦作鯖魚本草綱目青魚
生江湖間頭中枕骨狀如琥珀取無時則非今之青魚
也今以其色青故假以名之也

食鯖 俗名墨乙蟲墨乙者食也言不知產卵但知求食也 目稍大體稍長四五月漁
之不見腹中有卵

假鯖 俗名禹東筆 體稍圓而肥味微酸而甘釀優於青魚與青
魚同時入網

貫目鯖 狀如青魚兩目貫通無礙味優於青魚腊之尤
美故凡青魚之腊皆稱貫目非其實也產於嶺南海中
最希貴 原篇缺今補之

鯊魚

凡魚之卵生者無牝牡之交而牡者先瀉其白
液牝者產卵于液以化成其子獨鯊者胎生而
胎無定時水蟲之特例也牡者外有二腎牝者
腹有二胞胞中各成四五胎胎成而產句兜鯊
胃下各抱一卵大如綠豆卵消則產 卵者即人之臍也故

兒鯊腹中之物卽䱽之汁也 ○晴案正字通海鯊靑目赤頰背上有鬣腹下有翅大書故曰鯊海中所産以其皮如沙得名哆口無鱗胎生本草綱目鮫魚一名沙魚一名䱜魚一名鰒魚一名溜魚李時珍云古曰鮫今曰沙是一類而有數種也皮皆有沙陳藏器云其皮上有沙堪揩木如木賊(亦出本草)皆指此海鯊也其子皆胎生而出入於母腹沈懷遠南越志云環雷魚鯌魚也長丈許腹有兩洞貯水養子一腹容三子子朝從口中出暮還入腹類篇及本草綱目皆言之可按而知也

(鯌魚卽海鯊)

骨鯊(俗名厚鯊) 大者七八尺體長面圓色如灰(凡鯊色皆然)上尾上各有一骨如錐皮硬如沙肝油特多而全身皆膏脂也肉雪白或炙或羹而味醲不宜於膾腊○凡治鯊之法以熱湯沃而摩之則沙鱗自脫然其肝取油以資燈燭

眞鯊(俗名參鯊) 狀類骨鯊而體稍短頭廣目稍大肉色微紅味稍淡宜於膾腊○大者名羗鯊(俗名民童鯊)中者名楊枸鯊(俗名朴竹鯊)小者名道音發鯊○最大曰楊枸鯊別有一種頭如海鷂魚狀類楊枸故名又名鏟鯊(鏟亦似楊枸)非眞鯊

之中者也
蟹鯊 俗名揚鯊 好食蟛蟹故名狀類膏鯊而骨雖脅旁有白
點成行至尾其用同眞鯊肝無膏
竹鯊 俗仍名 與膏鯊同而大者一丈許頭稍大而廣脣口稍
匾廣 他鯊脣口如匕首 兩脅有黑點成行至尾用如眞鯊○晴
案蘇頌曰鮫大而長喙如鋸者曰胡沙性善而肉美小
而皮粗者曰白沙肉彊而有小毒李時珍曰背有珠文
如鹿而堅彊者曰鹿沙亦曰白沙背有斑文如虎而堅
彊者曰虎沙亦曰胡沙 出本草綱目 今蟹鯊竹鯊騈齒鯊短
鯊之類皆在斑點如虎如鹿蘇李所言即指此也

癡鯊 俗名非勤鯊 大者五六尺體廣而短腹大而黃 他鯊皆腹白 背
紫黑口廣目陷性甚緩愚出水一日不死宜於膾鼎他
不堪用肝膏特盛
矮鯊 俗名全淡鯊 長不數尺狀色性味皆類癡鯊但體小爲異
晴案島人呼矮鯊曰趙全淡鯊又呼濟州兒未知何義也
騈齒鯊 俗名覺樂鯊 大者一丈有半狀類癡鯊紫黑騈齒灰色
兩脅有白點成行尾稍細齒如曲刀而甚堅利能齧他
鯊他鯊含鉤則騈齒切而啗之誤吞其鉤爲人所得骨
柔脆可生食
鐵剉鯊 俗名茁鯊 与膏鯊大同背稍廣尾上鰭稍陷如溝口上

有一角其長居全體三分之一狀如戈刅兩邊有倒刺如鋸甚堅利人或誤觸甚於兵刃故曰鐵剉指礪鋸如刀之鐵剉子也角底有兩鬚長尺許其用如眞鯊○晴案本草綱曰鮫鼻前有骨如斧斤能擊物壞舟者曰鋸沙又曰挺額魚亦曰鱕䱜謂鼻骨如鐇斧也時珍說 左思蜀都賦云鮣龜鱕䱜注云鱕䱜有横骨在鼻前如斤斧形南越志云鱕魚鼻有横骨如鐇海船逢之必斷此皆今俗之鐵剉鯊也今鐵剉鯊有大二丈者而戴齒鯊箕尾鯊之屬皆能吞人覆舟也

驍鯊 俗名毛突鯊 与他鯊大同而大丈許其絶大者長或三四丈而不可捕得齒甚硬驍勇絶倫漁者以三枝鐵錐刺之繫索於錐任其怒逸待力盡然後收索或鈎時不意而舍鈎逸走綸繫於指則指折綸繫於腰則全身仍隨以入水鯊乃咬而走馬用如他鯊而味稍苦

鏟鯊 俗名諸子鯊 大者二丈許體似蝌蚪前翼大如扇皮沙尖利如刺以之為鏟利於鐵鏟磨其皮以飾器物堅滑而有文星星可愛味薄稍可膾食○晴案荀子議兵篇云楚人鮫革犀兕以為甲史記禮書鮫韅注徐廣云鮫魚皮可以飾服器說文云鮫海魚皮可飾刀比皆指今之鏟鯊也山海經云漳水東南流注于雎其中多鮫魚皮

可飾刀劍口錯治材角 李時珍曰皮有珠可飾刀劍治
骨角口錯者口裹之錯皮也今鏟鯊口裹之皮甚利於
磨揩俗謂之口中皮即是也

艫閣鯊 俗名歸安鯊 大者丈餘頭似艫閣前方而後殺似膏薮
目在艫閣左右之隅脊鰭甚大張鰭而行恰如張帆味
甚佳宜膾及羹腊 艫閣者海船之制於前檣所倚之大
橫格頭 頭在船外 左右皆作板閣謂之歸安故今名曰艫閣
是魚之狀類是故名○晴案是鯊有兩耳聳出而方言
謂耳曰歸故曰歸安也艫閣亦船之兩耳也

四齒鯊 俗名丹徒令鯊 大者七八尺頭似艫閣鯊但艫鯊如平板
此則腦後頰凸成長方形頭下如他鯊左右各有二齒
近頰豐本向前漸殺狀如半破壹碗磊如鰒殼之背而
滑澤堅可碎石能齧鰒螺之甲性極頑懶泅水者遇之
抱之而出用如凝鯊而味頗苦

銀鯊 俗名仍 大者五六尺質弱無力色白如銀無鱗體狹而
高目大而在頰傍 他魚目在腦前 酥鼻出口外四五寸口在其
下 酥鼻者頭盡處別出一肉向前殺尖軟滑如酥故今名之 翼肥而廣如扇尾如蝌
蚪用如他鯊而膾尤佳其翼腊之火溫而傳之能治乳
腫

刀尾鯊 俗名環刀鯊 大者丈餘體圓似冬瓜瓜末尾屬如走獸

丈

尾長於元體一倍廣而直末仰殺末曲如環刀利如鋸堅於鐵用之揮擊以食他魚味甚薄

戟齒鯊 俗名世雨鯊 大者二三丈狀類竹鯊而但無黑點色如灰而微白自脣至腭齒有四重森列如戈戟簇立性甚頑慢故人能釣出或言甚愛其齒故釣綸罥齒則隨牽而出殊不然也割肉至骨不驚不動若觸其目與骨則鼓勇踊躍人不敢近肌肉雪白或膾或羹猶然癒痰味甚薄肝無膏

鐵甲將軍 大數丈狀似大鯢而鱗掌許大堅硬如鋼鐵叩之鐵聲五色錯雜成文極鮮明而滑如冰玉其味亦

側鳥人當一獲

箕尾鯊 俗名耐安鯊 又稱腦蘇兒 大者五六丈狀如他鯊而體純黑鰭與尾大如箕海鯊之最大者也居於大海天欲雨則群出噴波如鯨船不敢近 原篇缺今補之 ○案史記始皇本紀方士徐市等入海求神藥數歲不得乃詐曰蓬萊藥可得然常爲大鮫魚所苦故不得至爲獸考云海鯊虎頭鯊體黑巨者二百斤常以春晦陟於海山之麓旬日化爲虎皆今箕尾鯊之謂也但化虎之說未有實見述異記云魚虎老變爲鮫魚李時珍又以鹿沙爲能變鹿以虎沙爲虎魚所化則物固有相變者然未可明也

錦鱗鯊 俗名怱折立 長一丈有半狀如他鯊而體稍狹上脣有二鬣下脣有一鬣衆之鬖鬣鱗大如掌層次如屋瓦極絢爛肉酥而味佳能治瘧時或網捕之 亦今補

黔魚

黔魚 俗名黔處歸 狀類强項魚大者三尺許頭大口大目大體圓鱗細背黑鰭鬣剛甚味似鱸魚肌肉稍硬四時皆有

○稍小者 俗名登德魚 色黑而帶赤味薄於黔魚○尤小者 俗名應者魚 色紫黑味薄常居石間不能遠游大抵黔魚之屬皆在石間

薄脣魚 俗名發落魚 狀類黔魚而大如鰌魚 石首魚 色青黑口小脣鰓甚薄味同黔魚晝遊大海夜歸石窟

赤薄脣魚 俗名孟春魚 與薄脣魚同色赤爲異

頳魚 俗名北諸歸 狀類黔魚目尤大而突色赤味亦似黔魚而薄

釣絲魚 俗名餓口魚 大者二尺許狀類蝌蚪口極大開口便無餘地色紅脣頭有二釣竿大如醫鍼長四五寸竿頭有釣絲大如馬尾絲末有白餌如飯粒美其綸餌他魚以爲食而來就則攫而食之

螌魚 俗名遜峙魚 狀類小黔魚大亦如之脊鰭甚毒怒則如蝟近之則螫人或被螫痛不可忍松葉煎湯浸其螫處則神效

鰈魚

鰈魚 俗名廣魚 大者長四五尺廣二尺許體廣而薄兩目偏於左邊口縱坼尻在口下腸如紙匣有二房卵有二胞自胷而由脊骨間達于尾背黑腹白鱗極細味甘而醲○晴案我邦謂之鰈域鰈者東方之魚也後漢書邊讓傳注云比目魚一名鰈今江東呼為板魚異物志云一名箬葉魚俗呼鞋底魚臨海志曰婢蓰魚風土記曰奴屩魚蓋是魚只有一片故因其形似有此諸名也然今我邦之海産此鰈魚大小諸種俗稱各異而皆一箇獨行有雌有雄兩目偏著一口縱坼驟看雖若負體雖行實

驗非是兩片相並也案爾雅云東方有比目魚不比不行其名謂之鰈郭注云狀似牛脾鱗細紫黑色一眼兩片相合乃得行今水中所在有之左思吳都賦云罩兩魪注云左右魪一目即比目魚司馬相如上林賦云禺禺鱋魶注鱋一作魼比目魚也狀似牛脾兩相合乃行李時珍云比並也魚各一目相並而行也段氏北户錄謂之鰜鰜魚也又云兩片相合其合處半邊平而無鱗凡此皆未見鰈形以意言之也今鰈魚明一箇有兩目明一箇獨行下腹上背獨成完體非相並而行也李時珍又從而申之曰合處半邊平而無鱗有若目覩者然

其實非目鰈也會稽志云越王食魚未盡以半棄之水中化爲魚遂無一面名半面魚此即鰈也半面獨行非相並也郭璞爾雅注以鰈爲王餘魚又異魚贊云比目之鱗別號王餘雖有二片其實一魚王餘魚即鱠殘魚非鰈也郭氏誤言之也（正字通比目魚名魬魚俗改作鮁）

小鰈（俗名加簪魚）大者二尺許狀類廣魚而體尤廣益厚背有亂點亦有無點者○晴案譯語類解以此爲鏡子魚

長鰈（俗名鞋帶魚）體尤長而狹味甚醲厚○晴案此形酷似鞋底矣

鱣鰈（俗名突長魚）大者三尺許體如長鰈腹背有黑點味頗鱣

瘦鰈（俗名海風帶）體瘦而薄背有黑點○已上諸鰈俱宜羹炙而腊則不佳都不如東海之良

牛舌鰈（仍俗名）大掌許而長酷似牛舌○金尾鰈（俗名參袖梅）似小鰈而尾上有一圈金鱗○薄鰈（俗名朴帶魚）似牛舌鰈而尤小薄如紙編勝而腊之（已上俱今補）

小口魚

小口魚（俗名望峙魚）大者一尺許狀類強項魚而高益崇口小色白以胎生子肥肉脆軟味甘

鮊魚

鮊魚（俗名葦魚）大一尺餘類蘇魚而尾甚長色白味極甘醲鱠

之上品〇晴案今葦魚産於江蘇魚産於海是一種屬
即魛魚也爾雅釋魚云鮤鱴刀郭注云今之鮆魚也亦
呼爲魛魚本草綱目鰣魚一名鮆魚一名鮤魚一名鱴
刀一名魛魚一名鰽魚魏武食制謂之望魚邢昺云九
江有之李時珍云鱭生江湖中常以三月始出狀狹而
長薄如削木片亦如長薄尖刀形細鱗白色肉中多細
刺淮南子曰鮆魚飲而不食又異物志云鰽魚初夏從
海中泝流而上長尺餘腹下如刀是鰽鳥所化據此可
知葦魚即魛鮆也譯語類解謂之刀鞘魚

海魛魚 俗名蘇魚又名伴倘魚 大六七寸體高而薄色白味甘而醲

黑山海中間有之芒種時始漁於巖泰島地 小者俗名古蘇魚 大三四寸體稍圓而厚

蟒魚

蟒魚 俗名仍 大者八九尺體圓三四圍頭小目小 圓狹也 鱗極
細背黑似蟒有黑紋 似碧紋魚而大 猛勇健能跳數丈味酸而
厚但劣濁〇晴案譯語類解拔魚一名芒魚即此蟒魚
也集韻鰣魚似蛇玉篇鱓魚似蛇長一丈似今蟒魚之
類也

黃魚 俗名大斯魚 大者一丈許狀如蟒魚而稍高色全黃性勇
健而暴急味薄

青翼魚

青翼魚 俗名僧帶魚 大者二尺許頭甚大而皆骨顱無肉體圓口角有二鬚極青背赤胸旁有翼大如扇可卷舒色青極鮮明味甘

灰翼魚 俗名將帶魚 大一尺餘狀類青翼魚頭稍匾而長其骨亦如之色黃黑翼稍小而與體同色

飛魚

飛魚 俗名辣峙魚 大者二尺弱體圓色青有翼如鳥色青鮮飛則張之能至數十步味極薄劣芒種時聚于海岸産卵漁者爇燎用鐵錐捕之只産於紅衣可佳島而黑山間有之○晴案飛魚狀類假鯔魚而鰭大如翼故能飛其性喜明漁者乘夜設網而設燎魚乃群飛入網或為人所困則飛落於原野此即文鰩魚也山海經云觀水西流注于流沙其中多文鰩魚狀如鯉魚魚身而鳥翼蒼文而白首赤喙以夜飛其音如鸞雞呂氏春秋云雚水之魚名曰鰩其狀若鯉而有翼常從西海飛遊於東海神異經云東南海中有溫湖中有鰩魚長八尺左思吳都賦云文鰩夜飛而觸綸林邑記云飛魚身圓大者丈餘翅如胡蟬出入群飛遊翔翳薈沈則泳于海底明一統志云陝西鄠縣澇水出飛魚狀如鮒食之已痔疾

據此諸說則東西南三方皆有大鯔也故顧況送從兄使新羅詩云南溟垂大翼西海飮文鯔盖以我邦之海亦有文鯔故詠之也又拾遺記云仙人寗封食飛魚而死二百年更生酉陽雜俎云朗山浪水有魚長一尺能飛飛即凌雲空息即歸潭底(成式) 言雖吊詭而所云飛魚必文鯔也又山海經桐水多鰼魚其狀如魚而鳥翼出入有光又囂水西流注于河其中多鰼鰼之魚其狀如鵲而十翼鱗在羽端又柢山有魚焉其狀如牛蛇尾有翼有羽在脅下曰鯥魚此類皆是飛魚然山海經所言未必皆恒有之物也

耳魚

耳魚(俗名老南魚) 大者二三尺體圓而長鱗細色黃或黃黑頭有兩耳如蠅翼味薄伏於石間

鼠魚

鼠魚(俗名走老南) 狀類耳魚而頭稍尖鼓色赤黑相斑頭亦有耳肉青味甚薄腥臭尤甚凡魚皆春卵而耳魚獨秋卵也

箭魚

箭魚(仍俗名) 大者一尺許體高而狹色青黑多膏味甘厚黑山或有之不如近陸之産

扁魚

扁魚俗名瓶魚大者二尺許頭小項縮尾短背凸腹突其形四出長与高略相等口極小色青白味甘骨脆宜於膾炙及羹黑山或有之○晴案今之瓶魚疑古之魴魚也詩云魴魚赬尾爾雅釋魚魴鯾郭注云江東呼魴魚為鯿一名魾陸璣詩疏云魴魚廣而薄肥恬而少力細鱗魚之美者正字通云魴魚小頭縮項闊腹穹脊細鱗色青白腹內肪甚腴李時珍云闊腹扁身味甚腴美性宜活水據此諸說則魴魚之形恰如瓶魚也但魴魚是川水之産也詩云豈其食魚必河之魴鄉語云伊洛鯉魴美如牛羊又云居就粮梁水魴後漢馬融傳注漢中鯿魚甚美常禁人捕以槎斷水因謂之槎頭縮項鯿則魴是川水之魚也今瓶魚未聞産於川水者惟山海經云大鯾居海中注云鯾即魴也李時珍云其大有至二三十斤者則魴亦有産於海者也然今瓶魚未見大者是可疑也

鯫魚

鯫魚俗名蔑魚體極小大者三四寸色青白六月始出霜降則退壯喜明光每夜漁者爇燎而引之及到窪處以匡網汲出或羹或鹽或腊或為魚餌産於可佳島者體頗大

冬月亦漁然都不如關東者之良○晴案今之蔑魚鹽
之腊之充於庖蓄膳品之賤者也史記貨殖傳云鮿千
石正義云謂雜小魚說文云鮿白魚也韻篇云鮿小魚
也今之蔑魚卽是歟

大鮿 俗名曾蘗魚 大者五六寸色青而體稍長似今之青魚先
於小鮿而至

短鮿 俗名盤刀蔑 大者三四寸體稍高肥而短色白

酥鼻鮿 俗名工蔑 大者五寸體長而瘦頭小而用酥鼻半寸
許色青

杙鮿 俗名末獨蔑 如小鮿而色亦同頭不豊尾不殺狀如杙故
名

大頭魚

大頭魚 俗云无祖魚 大者二尺弱頭大口大體細色黃黑味甘
而釀游於潮汐往來之處性頑不畏人故釣捕甚易冬
月穿泥而蟄食其母故似稱無祖魚云黑山間有而不
堪食產於近陸者甚佳○又一種小者 俗音桅音巳 長五六
寸頭與體相稱色或黃或黑海水近濱處有之

凸目魚 俗名長同魚 大者五六寸狀類大頭魚而色黑目凸不
能游水好於鹵泥跳躍掠水而行

螫刺魚 俗名渡髮魚 狀類凸目魚而腹大怒則膨脝背有刺螫
人則痛 原篇缺今補之

玆山魚譜卷二

無鱗類

鱝魚

鱝魚 俗名洪魚 大者廣六七尺雌大雄小體似荷葉色赤黑酥鼻當頭位置本而尖末口在酥鼻底胸腹間直口背上 即酥鼻之本 有鼻鼻後有目尾如豬尾尾脊有亂刺雄者陽莖有二陽莖即骨狀如曲刀莖底有囊卵兩翼有細刺交雌則以翼刺句之而交或雌者含鉤而伏則雄者就而交之舉鉤則並隨而上雌死於食雄死於淫可爲饕淫者之戒雌者産門外有一孔內通三穴中穴通於腸兩旁成胞胞上有物如卵卵消則產胞而成子胞中各成四五子 鯊魚產門之外一內三亦同此 冬至後始捕立春前後肥大而味佳至於二四月則體瘦而味劣宜膾炙羹腊羅州近邑之人好食其鯘者嗜好之不全也胸腹有癥瘕宿疾者取鱝者之鯘者作羹飽之能驅下穢惡又最能安酒氣又蛇忌鱝魚故其腥水所棄之處蛇不敢近凡蛇咬處傅其皮良效○晴案正字通云鱝魚形如大荷葉長尾口在腹下目在額上尾長有節螫人本草綱目海鷂魚一名邵陽魚 食鑑作少陽 一名荷魚一名鱝魚一名鯆

魫魚一名蕃蹹魚一名石蠣李時珍云狀如盤及荷葉
大者圍七八尺無足無鱗肉內皆骨節節聯比脆軟可
食皆指今之洪魚也東醫寶鑑作鯕魚然鯕是魚子之
稱音拱恐誤

小鱝俗名發凡魚狀類鱝而小廣不過二三尺酥鼻短而不甚
尖尾細而短肉甚肥厚

瘦鱝俗名間簪廣不過一二尺體極瘦薄色黃味薄

青鱝俗名青加五大者廣十餘尺狀類鱝而酥鼻區廣背蒼色
尾短於鱝而有錐五分其尾錐在其四分之地錐有逆
刺如鐵以之螫物則入而難拔又有大毒已下四種其尾錐皆同

有物侵之則搖其尾如飄風之葉以禦其害○晴案本
草拾遺海鷂魚生東海齒如石版尾有大毒逢物以尾
撥而食之其尾刺人甚者至死候人尿處釘之令人陰
腫痛拔去乃愈海人被刺毒者以魚扈竹及海獺皮解
之陳藏器今青黃黑螺諸鱝皆有錐尾也

黑鱝俗名墨加五与青鱝同而色黑為異

黃鱝俗名黃加五与青鱝同而背黃肝膏最盛

螺鱝俗名螺加五類黃鱝而齒在喉門如四齒叢而磈磊其尖
乳環列如螺頸

鷹鱝俗名每加五大者廣數十丈狀類鱝最大而有力鼓勇而

踈其肩有似搏禽之雁舟人下矴或礙其身則怒踈其肩肩背之間陷而成溝遂以其溝負矴絆而走船行如飛擧矴則随而上舡故舟人畏而斷其絆○晴案魏武食制云蕃蹹魚大者如箕尾長數尺李時珍只云大者圍七八尺而今鷹鱝之大皆所未見也鷹鱝之尾雖怒而擊之可以斷觧云

海鰻鱺

海鰻鱺 俗名長魚 大者長丈餘狀類蟒蛇大而短色淺黑凡魚出水則不能走此魚獨能走如蛇 非斬頭不可制味甘醲益人久泄者和鰻鱺作糜粥服之則止○晴案日華子云海鰻鱺一名慈鰻鱺一名狗魚生東海中類鰻鱺而大即此也

海大鱺 俗名長魚 目大腹中墨色味尤佳

犬牙鱺 俗名介長魚 口長如豕齒疎如犬鯁骨益堅能吞人

四時皆有海鱺 獨涙冬不上釣意或蟄於石窟也 或言孕卵孕胎者或言蛇之所化 見者甚衆 然此物至繁凡於石窟之中百千成隊雖有蛇化未必盡然昌大曰嘗聞苔士島人言見海鱺腹中有卵如貫珠類蛇卵未可知也○晴案趙辟公雜錄云鰻鱺魚有雄無雌以影漫於鱧魚則其子皆附于鱧鬣而生故謂之鰻鱺然産於流水者猶可然也産

於海者海無鱧魚安所漫附乎亦未可明也

海細鱺 俗名臺九魚 長一尺許體細如指頭如指尖色紅黑皮滑伏於鹵泥中腊之則味佳

海鮎魚

海鮎魚 俗名迷役魚 大者長二尺餘頭大尾殺目小背青腹黃無鬚 星於沐水黃而有鬚 者肉甚脆軟骨亦脆味薄劣能治酒病未鯘而烹則肉皆消融故啖者待其既鯘

紅鮎 俗名紅達魚 大者二尺弱頭短尾不殺體高而狹色紅味甘美宜炙勝於海鮎

葡萄鮎 俗仍名 大者尺餘状類紅鮎目突色黑卵如菉豆多

聚而團合如雞伏之卵雌雄同胞而卧於石間化成其子小兒口涎炙食則效

長鮎 俗名骨塗魚 大者二尺餘而其體瘦長口稍大味薄劣

鮠魚 俗名服全魚

黔鮠 俗名黔服 大而二三尺體圓而短口小齒骿至堅剛怒則腹膨脹而切齒軋軋有聲皮堅可裹器物味甘醲諸鮠中寡無瀾烹和油而食蓺以竹忌烟煤○晴案本草河豚一名鱯鮧 一作鱯鮎 一名鯸鮐一名鯢魚 一作鮭 一名嗔魚一名吹肚魚一名氣包魚馬志曰河豚江淮河海皆有之陳藏器曰腹白背有赤道如印目能開闔觸物卽嗔

怒腹脹如氣毬浮起李時珍曰狀如蝌斗背青白其腹
腴呼爲西施乳 本草綱目 皆鮠魚也

鵲鮠 俗名加遣服 體稍小背有班文有大毒不可食○晴案李
時珍云河豚色炎黑有文點者名班魚毒最甚或云三
月后則爲班魚不可食 出本草綱目 此即今鵲鮠之謂也凡
鮠魚皆有毒陳藏器曰海中者大毒江中者次之冦宗
奭云味雖珍美修治失法食之殺人又鮠魚之肝及子
皆大毒陳藏器所稱入口爛舌入腹爛腸無藥可解者
宜可慎也

滑鮠 俗名密服 體小而灰色黑文膩滑

澀鮠 俗名加七服 色黃腹有細芒

小鮠 俗名拙服 似滑鮠而體甚小大者不過七八寸○凡鮠魚
産於近陸者穀雨後因川溪泝流數十百里以産其卵
在外洋者每於洲渚産卵又或繅瀑而浮出水面

蝟鮠 狀類鮠魚全身都是刺棘恰如蝟鼠昌大曰只一
見漂泊於岸者大不過一尺其用處未聞

白鮠 大者一尺許體細而長色純白大者有紅暈味甘
或入漁網又或霖雨漢漲隨水泝上設筌而捕

烏賊魚

烏賊魚 大者徑一尺許體橢圓頭小而圓頭下細頸頸

上有目頭端有口口圍有八脚細如釣綸長不過二三寸而皆有菊蹄（圍花如菊兩對成行故云）欲行則行有物則攫者也其中別出二長脚如絛子長又有五寸許脚末如馬蹄有圓花所以粘著者也行則倒行亦能順行背有長骨亦橢圓而甚脆軟有卵在中有囊盛黑汁有物侵之則噴其墨以眩之取其墨而書之色極光潤但久則剝落無痕浸以海水則墨痕復新云背赤黑有斑文味甘美宜膾腊其骨能合瘡生肌骨亦治馬瘡驢之背瘡非此莫治〇晴按本艸烏賊魚一名烏鰂一名墨魚一名纜魚骨名海鰾鮹正字通云鰂一名黑魚狀如算囊蘇頌云形若革囊背上只有一骨狀如小舟腹中血及膽正如墨可以書字但愈年則迹滅懷墨而知禮故俗謂之海若白事小吏此皆是也又陳藏器云是秦王東游棄算袋於海化爲此魚故形似之墨尙在腹蘇軾魚說云烏賊懼物之窺己也則煦水以自蔽海烏視之知其魚而攫之蘇頌云陶隱居言此是鸔烏所化今其口腹具存猶頗相似腹中有墨可用故名烏鰂又南越志云其性嗜烏每自浮水上飛烏見之以爲死而啄之乃卷取入水而食之因名烏賊言爲烏之賊害也李時珍云羅願爾雅翼九月寒烏入水化爲此魚有文墨可爲法則

故名烏鰂鰂者則也擴此諸說或言箕袋之所變或言
晌水而為烏所害或言佯死而攫烏以食或言烏鶡之
所化或言烏之所變俱未有實見不可許也余謂烏
賊者猶言黑漢以其懷墨故名也後仍加魚作鰞鰂人
省作鰂亦作鯽或譌竹鰂非有他義也

鰇魚 俗名高祿魚 大者長一尺許狀類烏賊體益長而狹背無
板而有骨骨薄如紙以為之脊色赤微有墨味甘而薄羅
州以北甚繁三四月取以為醢黑山亦有之○晴案正字
通鰇本作柔似烏賊無骨生海中越人重之 本草綱目亦言之
此即今之高祿魚也但無骨囊而有細骨非全無骨也

章魚

章魚 俗名文魚 大者長七八尺 産於東北海者長或二丈餘 頭圓頭下如肩
胛出八枝長脚脚下一半有團花如菊兩對成行即所
以結著於物者結著則寧絶其身不肯離鮮常伏石窟
行則用其菊蹄八脚周圍而中有一孔即其口也口者
二齒如鷹嘴甚硬强出水不死拔其齒即死腹膓却在
頭中目在其頭色紅白剝其皮膜則雪白菊蹄正紅味
甘似鰒魚宜鱠宜腊腹中有物俗呼温堗能消瘡根水
磨塗丹毒神效○晴案本草綱目章魚一名章擧魚一
名傷魚李時珍云生南海形如烏賊而大八足身上有

而韓退之所謂章擧馬甲柱鬪以怪自呈者皆今之文魚也又嶺南志云章花魚出潮州八脚身有肉如雪字彙補云閩書鱆魚一名望潮魚亦皆此也我國稱八梢魚董越朝鮮賦魚則錦紋飴項重脣八梢自注云八梢即江浙之望潮味頗不佳大者長四五尺東醫寶鑑云八梢魚味甘無毒身有八條長條無鱗無骨又名八帶魚生東北海俗名文魚即是也

石距 俗名絡蹄魚 大者四五尺狀類章魚而脚尤長頭圓而長好入泥穴九十月腹中有卵如飯稻粒可食冬則蟄伏産子子食其母色白味甘美宜膾及羹腊益人元氣牛之瘦憊者飼石距四五首則頓健 ○晴案蘇頌云章魚石距二物似烏賊而差大更珍好嶺表錄異記石距身小而足長入鹽燒食極美此即今之絡蹄魚東醫寶鑑小八梢魚性平味甘俗名絡蹄者是也 俗云絡蹄魚與蛇交故斷而有血者棄之不食然絡蹄魚自有卵未必盡蛇化也

蹲魚 俗名竹今魚 大不過四五寸狀類章魚但脚短僅居一身之半

海豚魚

海豚魚 俗名尚光魚 大者丈餘體圓而長色黑似大豬乳房及私處似婦人尾橫 凡魚尾皆如舩柁此獨橫生 臟腑似狗行必羣隨出水索索有聲多膏一口可得一盆黑山最多而人不

如漁術○晴案陳藏器云海豚生海中候風潮出沒形如豚鼻在腦上作聲噴水直上百數爲羣其中有曲脂點燈照樗蒲即明照讀書工作即暗俗言嬾婦所化李時珍云其狀大如數百斤豬形色青黑如鮎魚有兩乳有雌雄類人數枚而行一浮一沒謂之拜風其骨硬其肉肥不中食其膏最多出本草綱目海豚魚之形狀非今之尚光魚乎本草綱目海豚魚一名海豨一名鱀魚一名饞魚一名鯆䱐生江中者名江豚一名江豬一名水豬王篇鱄鯆魚亦云鯆魚一名江豚天欲風則湧今尚光魚之出游舟人占其風雨此即是也又說文云鯆魚名出樂浪潘國一曰出江東有兩乳類篇云鯆鱄也此亦海豚魚也今我國西南之海皆有之許所云出於樂浪豈其然矣又爾雅釋魚云鱀是鱁郭注云鱀䱉似鱏魚尾如鯆魚大腹喙小銳而長齒羅生上下相銜鼻在額上能作聲少肉多膏胎生此亦似海豚魚之謂也

人魚

人魚俗名玉朋魚 形似人○晴案人魚之說蓋有五端其一鯑魚也山海經云休水北注於雒中多鯑魚狀如盩蜼而長距本草鯑魚一名人魚一名孩兒魚李時珍云生江湖中形色皆如鮎鮠其䫻頰軋軋音如兒啼故名人魚

此産於江湖者也其一鯢魚也爾雅釋魚鯢大者謂之
鰕郭注云鯢魚似鮎四脚前似獼猴後似狗聲如小兒
啼大者長八九尺山海經云決水多人魚狀如鯷四足
音如小兒陶弘景本草注云人魚荊州臨沮青溪多有
之其膏燃之不消耗秦始皇驪山冢中所用人膏是也
史記始皇本紀云治酈山以人魚膏為燭度不滅者久之本草綱目鯢魚一名人魚
一名魶魚一名鰨魚李時珍云生溪澗中形聲皆同鯑
但能上樹乃鯢魚也俗云鮎魚上下乃此与海中鯨同
名此産於溪澗者也蓋鯑鯢之形聲相同有産江産溪
上樹之別故本州綱目分而別之皆入於無鱗之部是

同類也其一鰕魚也正字通云鰕狀如鮎四足長尾聲
似小兒善登竹又云鰕魚即海中人魚眉耳口鼻手爪
頭皆具皮肉白如玉無鱗有細毛五色髮如馬尾長五
六尺體亦長五六尺臨海取養池沼中人牝牡交合与
人無異郭璞有人魚贊人魚如人作魜字蓋鰕魚之上樹兒啼
雖似鯑鯢而其形色各異是別一魜也其一鮫人也左
思吳都賦云訪靈夔於鮫人述異記云鮫人水居如魚
不廢機織有眼能泣泣則成珠又云鮫綃一名龍紗其
價百餘金以為服入水不濡博物志云鮫人水居如魚
不廢機織時出寓人家買綃臨去從主人家索器泣而

出珠滿盤以與主人此蓋水怪也織綃泣珠說是弔詭然循古人轉相稱述吳都賦云泉室潛織而卷綃淵客慷慨而泣珠劉孝威詩云蜃氣遠生樓鮫人近潛織洞冥記云味勒國人乘象入海底宿于鮫人之宮得淚珠李頎鮫人歌云朱綃文綵不可識夜夜澄波連月色郎顧況送從兄使新羅詩亦云帝女飛銜石鮫人買淚綃然水府織綃人無見者淵客泣珠說甚誕矣皆未有實見只以傳襲用之者也其一婦人之魚也徐兢稽神錄云謝仲玉者見婦人出沒水中腰以下皆魚乃人魚也徂異記云查道使高麗海中見一婦人紅裳雙袒髻鬟紛亂腮後微有紅鬣命扶於水中拜手感戀而沒乃人魚也蓋綈鯢鰕魰四者別無似婦人之說則仲玉查道之見是又別異者也今西南海中有二種類人之魚其一尚光魚狀似人而有兩乳即本草所稱海豚魚也詳見海豚條其一玉朋魚長可八尺身如常人頭如小兒有鬚髮鬖鬖下垂其下體有雌雄之別酷與人男女相似舟人甚忌之時或入於漁網以為不祥而棄之此必查道之所見也

四方魚

四方魚名無俗大四五寸體四方形長廣高略相等而長稍大於廣口如小痕目如菉豆兩鰭及尾僅如蠅翼肛可

容菜豆全身皆利鋩如鱸鯊體堅如鐵石○昌大曰嘗
於風波後漂至於岸故一見之

牛魚

牛魚(俗名花折罔) 長二三丈下嘴長三四尺腰大如牛尾尖殺
無鱗全身皆肉而雪白味極脆軟甘美時或隨潮入港
嘴觸於沙泥不能拔而死(原篇缺今補之)○案明一統志女眞
篇云牛魚混同江出大者長丈五尺重三百斤無鱗骨
脂肉相間食之味長異物志云南方有牛魚一名引魚
重三四百斤狀如鱧無鱗骨背有斑文腹下青色肉味
頗長正字通云按通雅牛魚北方鮪屬王易燕北錄牛
魚觜長鱗硬頭有脆骨重百斤即南方鱘魚據此則牛
魚即今之花折魚也鱘即鮪也亦稱鱘魚鼻長與身等
色白無鱗李時珍亦以牛魚爲鱘屬是也

鱠殘魚

鱠殘魚(俗名白魚)狀如筯七山海多有之(今亦補) 案博物志云吳
王闔廬行食魚鱠棄殘餘於水化爲魚名鱠殘即今銀
魚本草綱目一名王餘魚譯語類解謂之麪條魚以其
形似也李時珍云或又作越王及僧寶誌者益出傅會
不足致辨又云大者長四五寸身圓如筯潔白如銀無
鱗若已鱠之魚但目有兩黑點今所云白魚即此也

鱵魚

鱵魚 俗名孔峙魚 大者長二丈許體細而長如蛇下觜細如醫鍼長三四寸上觜如燕色白帶青氣味甘而清八九月入浦旋退○晴案正字通鱵魚俗呼針觜魚本草綱目鱵魚一名姜公魚一名銅吮魚李時珍云此魚喙有一鍼俗云是太公釣鍼亦傅會也又云形狀並同鱠殘但喙尖有一細黑骨如鍼爲異東山經云沢水北注于湖中多箴魚狀如儵其喙如鍼即此皆今孔峙魚之謂也

體有白如鱗 非真鱗也

裙帶魚 俗名葛峙魚 狀如長刀大者長八九尺齒堅而密味甘殺吹則有毒即鱵魚之類而身稍扁耳

鶴觜魚 俗名閔峙 大者丈許頭如鶴觜齒如針而櫛比色青白肥肉亦青體如蛇亦鱵魚之類

千足蟾

千足蟾 俗名三千足又名四面發 體眞圓大者徑一尺有五寸許全體周圍有無數之股狀如鷄腿股又生脚脚又生枝枝又生條條又生葉千端萬緒蠢蠢蜎蝡令人體栗口在其腹亦章魚之類也腊之入藥有助陽之功云○晴案郭璞江賦云土肉石華李善注引臨海水土物志曰土肉正黑如小兒臂大長五寸中有腹無口腹有三千足炙

食此似今所稱千足蟾也

漁鮀

海鮀（俗名海八魚）大者長五六尺廣亦如之無頭尾無面目體凝軟如酥狀如僧人戴其簦笠腰着女裙垂其脚而游于水笠簷之內有無數短髮（鬣如極細茶末特鬆然實非真髮）其下如頸而陡豐如肩髆髆下分為四脚行則貼合脚居身之半脚之上下內外叢生無量數長髮長者數丈許色黑短者七八寸次長次短其等不齊大者如條細者如髮行則淋漓㛹娜如傘游外張其質其色恰似海凍（以牛毛草煮而成青瑩凝曰海凍）強項魚遇之喫如豆腐隨潮入港潮退則

膠艘不能動而死陸人皆煮食或膾食（煮則酥軟者堅韌膾大者縮小）昌大曰嘗剔見其腹如南瓜敗爛之瓤○晴案鮀亦作蛇爾雅翼曰蛇生東海正白濛濛如沫又如凝血縱廣數尺有智識無頭目處所故不知避人衆蝦附之隨其東西玉篇云形如覆笠汎汎常浮隨水郭璞江賦水母目蝦注云水母俗呼海舌博物志東海有物狀如凝血名曰鮓魚本草綱目海鮀一名水母一名樗蒲魚李時珍云南人譌為海折或作蜡鮓者並非閩人曰蛇廣人曰水母異苑名石鏡康熙字典云蛇水母也下名蕷形如羊胃皆今海人魚之謂也李時珍云水母形渾然凝

結其色紅紫腹下有物如懸絮羣蝦附之啼其涎沫人
取之去其血汁可食(出本草綱目)蓋此物中有血汁也海人
云䲧之腹中有囊藏血時逢大魚噀血以亂之如烏鰂
之噴墨

鯨魚

鯨魚(俗名高來魚) 色鐵黑無鱗長或十餘丈或二三十丈黑山
海中亦有之(原編缺今補之)○案玉篇云鯨魚之王古今注云
鯨大者長千里小者數十丈其雌曰鯢大者亦長千里
眼如明月珠今我西南海中亦有之而未聞長千里者
崔說夸矣今日本之人最重鯨膾傳藥於矢射而獲之
今或有鯨死漂至而猶帶箭者是其受射而走者也又
或有兩鯨相鬥一死漂岸者煮肉出膏可得十餘瓮目
可為杯鬚可為尺其脊骨斷一節可作舂臼而古今本
草皆不載錄可異也

海蝦

大鰕 長尺餘色白而紅背曲身有甲尾廣頭似石蟹目
突有兩鬚長三倍於其身而亦頭上有二角細而硬尖
脚有六胸前又有二脚如蟬緌腹下有雙板仰貼懷卵
於胸脚腹板之間能游能步味最甘美 中者長三四
寸白者大二寸許紫者大五六寸細者如蟻○晴案爾

雅釋魚鰝大鰕陳藏器云海中紅鰕長一尺鬚可為簪
即此也

海參

海參 大者二尺許體大如黃瓜全身有細乳亦如黃瓜
兩頭微殺一頭有口一頭通肛腹中有物如栗毬腸如
雞而皮甚軟引擧則絶腹下有百足能步不能游而其
行甚鈍色淡黑肉青黑○晴案我邦之海皆產海參採
而乾之貨於四方鰒魚淡菜列為三貨然與考古今本
草皆不載錄至近世葉桂臨證指南藥方中多用海參
蓋因我國之用而始之也

屈明蟲

屈明蟲仍俗名 大者長一尺五寸許圓徑亦如之狀如抱子
之雞而無尾頭頸微昂有耳如貓腹下似海參之足亦
不能游色淡黑有赤文全身都是血味薄嶺南人食之
非百洗去血不食

淫蟲

淫蟲俗名五萬童 狀似陽莖無口無孔出水不死乾曝則萎縮
如空囊以手摩挲火頭膨脹出汁如毛孔出汗細如縷
髮左右飛射頭大尾殺以尾黏着石上灰色而黃採鰒
者時或得之大有補陽之功淫者腊之入藥○又有一

種似胡桃或曰即其雌也○晴案本草綱目有郎君子
其形略似此所言淫蟲然未可明也

介類

海龜

海龜狀類水龜腹背有瑇瑁之紋時或浮出水面性甚遲鈍近人而不驚背有牡蠣之甲花花剝落牡蠣遇堅硬之物必貼其甲此或是瑇瑁而土風畏其成災而不收惜哉

蟹

晴案周禮考工記注云仄行蟹屬疏云今人謂之旁蟹以其側行也傳玄蟹譜作螃蠏亦云橫行介士以其外骨也揚子方言謂之郭索以其行聲也抱朴子謂之無腸公子以其內空也廣雅云雄曰蜋螘雌曰博帶蓋其別以尖臍者為雄團臍者為雌人鑿大曰雄鳌小曰雌是其別也爾雅翼云蟹八跪而二鳌八足折而容俯故謂之跪兩鳌倨而容仰故為跪蓋本於此也荀子勸學篇云蟹六跪二鳌非也蟹足八跪

舞蟹俗名伐德跪大者楕圓長徑七八寸色赤黑背甲近鳌出雙角左鳌絶有力大如拇指凡鳌皆左大右小好張鳌而立如舞味甘美常在石間潮退則捕○晴案蘇頌云蟹殼闊

而多黃者名蠘生南海中其螯最銳斷物如芟刈此即
舞蟹也

矢蟹 俗名殺跪 大者徑二尺許後脚之末豐廣如扇兩目上有
錐一寸餘以是得名色赤黑凡蟹皆能走而不能游獨
此蟹能游水以扇脚游水則大風之候也味甘美黑山則
稀貴常在海中時或上釣七山之海網捕○晴案此即
蝤蛑之類也蘇頌云其扁而最大後足闊者名蝤蛑南
人謂之撥棹子以其後脚如棹也一名蟳隨潮退殼一
退一長其大者如升小者如盞碟兩螯如手所以異於
衆蟹也其力至強八月能與虎鬪虎不如也博物志云
蝤蛑大有力能与虎鬪螯能剪殺人今所名矢蟹其形
最大是即蝤蛑也

籠蟹 俗名仍 大者徑三寸許色蒼黑而鮮潤脚赤體圓似籠
穿沙泥為穴無沙則伏石間○晴案李時珍云似蟛蜞
而生海中潮至出穴而望者望潮也今海中小蟹候潮
至出穴非別有一種也

蟛蜎 俗名突長跪 小於籠蟹色蒼黑而兩螯微赤脚有斑文似
瑇瑁○晴案爾雅釋蟲蟚螖小者蟧疏云即蟚蜎也蘇
頌云最小無毛者名蟛蜎吳人訛為彭越今俗所稱突
長蟹者即蟹之類皆蟛蜎也

小蟛 俗名參跪 色黑而小體稍扁螯末微白常在石間可醢

黃小蟛 俗名老郎跪 卽小蟛之類但背黃爲異

白蟹 俗名天上跪 小於蟛蜞而色白背有青黑暈螯甚强鉗人則痛甚趫捷善走常在沙中作穴○晴案李時珍云似蟛蜞而生於沙穴中見人便走者沙狗也今所言白蟹卽沙狗也

花郎蟹 仍俗名 大如籠蟹體黃而短目細而長左螯別大膚鈍亦不能鉗人行則張螯狀如舞者故名 俗謂舞夫曰花郎

蛛腹蟹 俗名毛音鈂跪 大如蟛蜞甲軟如紙兩目間有角雖亦能傷人全體如浮腫腹脹如蜘蛛不能遠走在巖石間

川蟹 俗名眞跪 大者方三四寸色青黑雄者脚有毛味最佳島中溪澗或有之余家洌水之濱見此物春而泝流産子於田間秋而下流漁者就淺灘聚石作墻布索而繫禾穗每夜爇炬手捕

蛇蟹 仍俗名 大如籠蟹色蒼而螯漢亦好行地上常游僑海人家能作穴於尼礫間故得是名人不食或作魚餌○晴案産於海濱者惟蛇蟹不可食餘皆可食産於田泥川溪者惟眞蟹可食餘不可食蔡謨食蟛蜞幾死歎曰讀爾雅不熟卽田泥之小蟹也

豆蟹 仍俗名 大如大豆色如赤豆味佳島人或生食

花蟹 俗名仍 大如籠蟹背高如籠左螯別大而赤右螯最小而黑全體班爛恰如瑇瑁味薄在鹵泥中○晴案蘇頌云一螯大一螯小者名擁劒一名桀步常以大螯鬪小螯食物又名執火以其螯赤也此今之花蟹也

栗蟹 俗名仍 大如桃核狀如桃核之中斷而尖處爲後廣處爲頭色黑背如蟾脚皆細而長一尺許兩螯長二尺許口如蜘蛛不倒不橫而前行常在淡水味甘如栗故得是名

鼓蟹 俗名鼓蟹 大如花蟹而體短色微白 原篇缺今補之

石蟹 俗名可才 大者長二三尺二螯八脚皆如蟹而脚端皆歧

而成箭角長倍其身而有逆刺似鏃腰以上被甲腰以下鱗甲似蝦尾亦似蝦色黑而澤角赤倒行則屈其尾而下卷亦能前行卵句在腹底蓋與陸地所産無甚異也爛而食之味絶佳

白石蟹 似石蟹而大不過五六寸腰下稍長而色白

鰒

鰒魚 大者長七八寸背有甲甲背如蟾其裏滑澤而不平五彩炫煌左有孔或五六或八九從頭成行不孔處亦淤孔排比外突內陷至尾峯而止 孔盡處突起爲旋髻之始者 從尾峯有旋溝一回 旁字旋回者 甲內有肉外面橢圓而平以爲

孔者不佳此皆是也然中國之産甚爲稀貴故王莽憑
几而啗鰒伏隆詣闕而獻鰒(後漢書) 捕魚鰒爲倭人之異
俗(魏志倭人傳) 鱠鰌鰒爲東海之俊味(陸雲答車茂安書) 曹操喜鰒
而一州所供僅至百枚(曹植祭先王表) 彦田受鰒而三十之餉
可得十萬(南史褚彦回傳) 以此觀之蓋不如我國之産也

黑笠鰒(俗名比未) 狀類兩笠大者徑二寸以笠爲甲色黑而滑
裹澤而平其肉似鰒而圓亦偏著石

白笠鰒 惟甲色之白爲異

烏笠鰒 大者徑一寸笠尖益高急甲色黑

匾笠鰒 笠尖低緩無尖甲色微白肉益軟

大笠鰒 大者徑二寸餘甲似匾笠而肉出甲下二三寸
味苦不堪食甚稀貴

凡甲偏覆者鰒也鰒蚌蠔之屬皆能産珠○晴案産珠
之物鰒蚌爲盛李珣云真珠出南海石決明産也蜀中
西路出者是蚌蛤産陸佃云龍珠在頷蛇珠在口魚珠
在眼鮫珠在皮鼈珠在足蛛珠在腹皆不反蚌珠則産
珠之物亦多也

蛤

晴案蛤之類甚繁其形長者通謂之蚌亦曰含漿
其形圓者通謂之蛤其形狹而長兩頭尖小者曰

蠯亦謂之馬力其色黑而最小者曰蜆亦謂之扁
螺此皆産於江湖溪澗者也其産於海者考諸本
草有曰文蛤一頭小一頭大殼有花斑者也有曰
蛤蜊白殼紫脣大二三寸者也有曰蛓蛙形扁而
有毛者也有曰車螯其形最大能吐氣為樓臺即
海中大蜃也有曰擔羅生於新羅國者也然今只
據黑山海所見之蛤因俗號而載錄之也

縷文蛤(俗名帶龍雎閈)大者徑三四寸甲厚有橫紋細如帛縷全
體密布味甘而微腥

瓜史蛤(俗名鏤飛雎閈)大者徑四尺餘甲厚有縱溝溝皆有細乳
如黃瓜比縷文蛤稍細化則為青羽雀云

布紋蛤(俗名盤賛岳)大者徑二寸許甲甚薄有縱橫細紋似細
布兩頰比他高凸故肉亦肥大或白或青黑味佳

孔雀蛤(俗名仍)大者徑四五寸甲厚前有橫文後有縱文頰
鹿龜體無敲斜色黃白裏滑澤光彩紅赤

細蛤(俗名羅朴蛤北人謂之毛象蛤)大者徑三四寸甲薄有細橫紋密布
色青黑而渝則白

杻蛤(俗名大蛤)大者二尺餘前廣後殺甲似木杻色黃白有橫
紋麤䟽用以為杻

黑杻蛤 狀同杻蛤而色赤黑為異

雀蛤 俗名璽雕開 大者徑四五寸甲厚而滑有雀色紋似雀毛
疑雀之所化北地至賤而南方稀貴
凡甲而合者曰蛤皆伏在泥中而卵生○晴案月令季
秋爵入大水爲蛤孟冬雉入大水爲蜃陸佃云蚌蛤無
陰陽牝牡須雀蛤化成故能生珠然未必皆物化也

蟹腹蛤 紋似牝蛤色或黑或黄有小蟹在其殼中濱海
多有之 原篇缺今補之 ○案李時珍云蟹居蚌腹者蠣奴也又
名寄居蟹卽此也

鮀子蛤 俗名咸朴雕開 狀大如鮀子浹伏於泥中 亦今補

蚶 原篇缺今補之

蚶 俗名庫莫蛤 大如栗殼似蛤而圓色白有縱文排行成溝如
瓦屋兩畔相合齟齬交當肉黄味甘○案爾雅釋魚魁
陸注云卽今之蚶玉篇云蚶似蛤有文如瓦屋本草綱
目魁蛤一名魁陸一名蚶 一作魽 一名瓦屋子一名瓦壟
子一名伏老李時珍云南人名空慈子尚書盧約以其
形似瓦屋之壟改爲瓦壟廣人重其肉呼爲天臠又謂
之蜜丁說文云老伏翼化爲魁蛤 伏翼蝙蝠也 故名伏老又
云背上溝文似瓦屋今浙東以近海田種之謂之蚶田
此云庫莫蛤卽是也

雀蚶 俗名璽庫其 似蚶但瓦溝之紋益細膩俗云是雀入所化也

蟶

蟶 俗名麻 大如拇指長六七寸甲脆軟而白味佳伏於泥中
○晴案正字通云閩粤人以田種之謂之蟶田陳藏器
云蟶生海泥中長二三寸大如拇兩頭開即此也

淡菜

淡菜 俗名紅蛤 體前圓後銳大者長一尺許廣半之銳峯之下
有亂毛黏著石面百千為堆潮進則開口退則合口甲
色淡黑裏滑而青瑩內色有紅有白味甘美宜羹宜醢
其腊者益人最大○拔鬚毛而血出者無藥可止惟淡
菜鬚燒灰傅之神效又挾溼傷寒淡菜鬚火溫傅腦後
良○晴案本草綱目淡菜一名殼菜一名海蜌一名東
海夫人陳藏器云一頭小中銜少毛日華子云雖形狀
不典而甚益人此云紅蛤是也

小淡菜 俗名鳳安蛤 長不過三寸似淡菜而長中頗寬狹而大味勝

赤淡菜 俗名淡紅蛤 大如淡菜甲之表裏俱赤

箕蜌 俗名箕紅蛤 大者徑五六寸狀如箕匾廣不厚有縱紋似
縷色紅有毛著石又能離石游行味甘而清

蠔

牡蠣 俗名掘 大者徑尺餘兩合如蛤其體無法或如雲片甲
甚厚若紙之合塗重重相外麤裏滑貼其色雪白一甲

著石一甲上覆在凾泥者不貼而㮣轉泥中味甘美磨其甲以爲棊子○晴案本草牡蠣一名蠣蛤別錄名牡蛤異物志稱古賁卽皆蠔也

小蠣 徑六七寸狀類牡蠣而甲薄上甲之背有龕芒成行牡蠣産於大海水急之處小蠣産於浦口磨滑之石是其別也

紅蠣 大者三四寸甲薄色紅

石華 仍俗名 大不過一寸許甲突而薄色黑裏滑而白貼於巖石用鐵錐採取○晴案郭璞江賦上四石華李善注引臨海水土物志曰石華附石生肉卽此也又韓保昇云鋰蠣形短不入藥亦似指石華也

桶蠔 俗名匠桶蠔 大者甲徑一寸餘口圓似桶堅如骨高數寸厚三四分下無底上稍殺而頂有孔視其根之㝢孔僅容針如蜂房根著於石壁中藏肉如未成之豆腐上戴僧徒之尖巾 方言云曲蔦 有二瓣潮至則開而受之採者以鐵錐急擊則桶落而肉餘刀割其肉若未擊而蠔先覺牢粘碎而不落

五峯蠔 俗名寶刹蜐 大者廣三寸許五峯平列外兩峯低小而抱次兩峯次兩峯最大而抱中峯中峯及最小峯皆兩合以爲之甲色黃黑峯根周裹以㓵㓵如柚而濕潤押

根於石肆狹污之地以禦風濤中有肉肉亦有赤根黑鬚黄如魚之鬪鰓潮至則開其大牽而以鬚受之味甘○晴案蘇頌云牡蠣皆附石而生磈礧相連如房呼為蠣房晋安人呼為蠔莆初生止如拳石四面漸長至一二丈者嶄巖如山俗呼蠔山每一房內有肉一塊大房如馬蹄小者如人指面每潮來諸房皆開有小蟲入則合之以充腹此云五峯蠔即蠣山也

石肛蠔俗云紅末周亂狀如久痢人之脫肛色青黑植於石間潮及之地圓楕隨石異形有物侵之則蹙而小之腹腸如南瓜之瓤陸人羹之云

石蛇 大如小蛇盤屈亦如蛇體似牡蠣甲中空如竹有物如鼻涕或如吐痰色微紅貼於石壁水淺之地用處未聞

凡着石而不動者諸之蠔卵生○晴案陶弘景本草注云牡蠣是歲鵰所化又云道家方以左顧是雄故名百牡蠣右顧則牝蠣也或以尖頭為左顧未詳孰是寇宗奭云牡非謂雄也且如牡丹豈有牡丹乎此物無目更何顧眄李時珍云蚌蛤之屬皆有胎生卵生獨此化生純雄無雌故得牡名然今蠔屬有卵生之法俗稱卵生則肉瘠未必皆化生也

螺

凡螺螄之屬皆殼堅如石外鬆裏滑從尾峯螄峯在上而在螺則尾也左旋作溝三四周由殺而大尾峯尖突而頭麓豐大麓在下而謂之頭者在螺則頭也溝盡處有圓户自户而達于峯回轉為洞即螺之室也螺之體如其室頭豐尾殺繞曲如繩之紋緊成顆充滿室中行則挺出户而留其身背以負其殼止則縮其身而有圓蓋戴頭以塞其户圓蓋色紫黑厚如薄物史隨波漂轉不能游行尾為腸胃或青黑或黃白

海螺　大者其甲高廣各四五寸其表有細乳如黃瓜叏當溝尻從尾至頭排比成行色黃黑裏滑澤而赤黃味甘如鰒可爛可炙○晴案本草圖經海螺即流螺屬曰甲香交州記名假豬螺即是也

鈿城嬴俗名仇竹大者其甲高廣各五六寸户外旋溝盡處邊界繞之為城如刀刃銛利從户直出一溝而內溝尻溝尻有內外漸殺而尖為角角端亦銛銳外溝尻亦皆高突磨而治之作酒器或燈器

小鈿螺俗名土里多即鈿城螺之小者體稍長角稍短少乳稍突大者高三寸許色白或黑裏黃赤味甘而有辛氣

兩尖螺 即小蚓螺之類尾角益尖外門稍狹(外門者內戶外城圍中初入之大孔)溝疕皆成銛稜

平峯螺 大者徑二三寸高亦如之尾峯平衍旋溝不過三周而豐韌甚急故頭麓頗大溝疕滑而闊無𠂢乳外黃青內角白在淺水穿沙藏身

牛角螺(俗名他來螺) 大者高二三寸狀類牛角旋溝大七周無𠂢乳而有紋如皮及紙之捼蹙成紋者裏白○昌大曰山中亦有此物大者高二三尺時時作聲可聞數里許聲而往尋又在別處莫可的定余嘗搜索而不得今軍門吹螺即此物也○晴案圖經本草云梭尾螺形如梭今釋子所吹此云牛角螺即是也吹螺本南蠻之俗我國用於軍中也

麁布螺(俗名參螺) 高一寸餘徑二寸弱尾峯不甚尖殺頭麓豐大溝疕成麁布紋灰色帶紫裏青白

明細螺(仍俗名) 即麁布螺之類而溝疕成明細紋青黑色其肉布螺軟而細螺韌此其別也

炬螺(仍俗名) 亦布螺之類而尾峯稍尖頭麓稍小故高稍崇外色紫其肉尾有沙土此其別也凡採螺之法夜而爇炬則勝於晝此物最繁爇炬則其得尤多故得名

白章螺(俗名甘當螺) 即炬螺之類而尾峯益尖頭麓益小而大

不過一寸灰色而白章溝虎之上又有細溝如縷此其
別也亦最繁與明紬螺皆在水淺處

鐵戶螺 俗名多億之螺 即細螺之類而皮文稍麤色黃紅凡螺之
圓蓋皆薄如白紙脆如枯葉獨此物之蓋中突邊厚如
半破之豆其堅如鐵此其別也

杏核螺 大不過杏核狀亦似之尾峯稍出色白而紅

銳峯螺 大不過七八分尾峯突然尖銳頭麤狹小其色
或紫或灰

凡螺螄或有蟖處其室右脚及螯如他蟹但左邊無脚
而續以螺尾亦行則負殼止則入室但無圓戶味亦蟹

也尾則螺味或曰螺螄之中有此一種然螺之諸種皆
能有時寄蟹則未必別有此種也昌大曰蟹食螺螄而
化為螺入處其中螺氣已歇故或有負枯爛之里而行
者若原是殼中之物則未有其身不死其殼先敗者也
其言亦似有理亦未可必信姑識所疑○晴案蟹之為
物本有寄居於他殼者故有居於蚌腹者此李時珍所
謂蠣奴也一名寄居蟹者是也見上蛤條 有居於璅蛣之腹
者郭璞江賦云璅蛣腹蟹松陵集注云 璅蛣似蚌腹有
小蟹為鎖蛣出求食蟹或不至則餒死呼為蟹奴漢書
地理志會稽郡鲒埼亭注師古曰鲒長一寸廣二分有

一小蟹在其腹中者是也而瑣蛣亦云海鏡嶺表錄異云海鏡兩庀合以成形殼圓中心瑩滑內有火肉如蚌胎腹中有紅蟹子其小如黃豆而螯具海鏡飢則蟹出拾食蟹飽歸腹海鏡亦飽本草綱目海鏡一名鏡魚一名瑣蛣一名膏藥盤殼圓如鏡映日光如雲母有寄居蟹者是也又博物志云南海有水蟲名蒯蛤之類也其中有小蟹大如檜莢蒯開甲食則蟹亦出食蒯合甲亦還入為蒯取食以歸此疑亦海鏡也螺之為物或有脫殼還入者故拾遺記含明之國有大螺名躶步負其殼露行冷則復入其殼即是也其螺殼之內亦有寄居之

物異苑云鸚鵡螺形似鳥常脫殼而游朝出則有蟲如蜘蛛入其殼中螺夕還則此蟲出庾闡所謂鸚鵡內游寄居負殼者也本草拾遺云寄居蟲在螺殼間非螺也候螺蛤開即自出食螺蛤欲合已還殼中海族多被其寄入南海一種似蜘蛛入螺殼中負殼而走觸之即縮如螺火炙乃出一名[illegible]則螺之洞房海族多所寄居也蓋蟹本善寄螺能容受此室彼寄理無可疑但蟹體螺尾又一特例也

粟毬蛤

粟毬蛤，俗名仍 大者徑三四寸毛如蝟中有甲似粟房五瓣

成圓行則全身之毛皆動搖蠕蝡頂有口客指房中有卵如牛脂未凝而黃亦五瓣而間間慄久毛甲俱黑甲脆軟易碎味甘或生食或羹

僧栗毬 毛短而細色黃為別○昌大曰嘗見一毬蛤口中出鳥頭嘴已成頭欲生毛如苔疑其已死而斷之乃能動搖如平日雖不見其殼中之狀要是化為青雀者也人言此物化為鳥俗所謂栗毬鳥者也 今驗之果然

龜背蟲

龜背蟲(俗名九音法) 狀類龜背色亦似之但背甲成鱗大如蛭無足以腹行如鰒産石間者小如蛞蝓烹而去鱗食之

楓葉魚

楓葉魚(俗名開夫殿) 大者徑一尺支如柚支隅角無定三出四出或至六七出如楓葉厚如人手色青碧甚鮮明中有丹樓成文亦極鮮腹黃口在其中心角末皆有細粟如章魚之菊蹄所以貼石者腹中無腸如南瓜之瓤好貼巖石天欲雨而霽不雨則只貼一角而翻身下垂海人以是占雨用處未聞○三角者不離水底徑或三四尺而其角長出體甚小背似蜷亂布如豆之粒真黃真黑相錯斑爛○晴案此即海燕也本草綱目海燕載於介

部李時珍云狀扁面圓背上青黑腹下白脆有紋如蕈
菌口在腹下口傍有五路正句即其足也臨海水土記
云陽遂足生海中色青黑有五足不知頭尾即是也

雜類

海蟲

海蚕 大如飯粒能跳躍以蝦無鬚常在水底遇死魚則入其腹而聚食

蟬頭蟲 俗名開江兒 長二寸許頭目似蟬有二長鬚背甲似蝦尾歧歧末又歧有八足腹中又出二枝如蟬緌以懷其卵能走能游故水陸無不捷色淡黑有光澤常在鹵地石間天將大風則四散而浮游土人以此占風

海蚓 長二尺許體不圓而匾似蜈蚣有足細瑣有齒能咬産於鹵地沙石間取作魚餌極佳

海蝤蠐 俗名烝 頭如大豆頭以下僅具形狀恰似鼻液頭極堅硬口吻如刀能張能合食船板如蝤蠐遇淡水則死潮水迅急之處不敢進多在停瀦之水故東海船人甚畏之大海中或有其隊如蜂蟻之屯船或遇之急急回帆以避之又船板數以烟薰之則不能侵

海禽

鸕鷀 俗名烏知 大如雁色如烏其毛至密而短頭尾及脚皆如烏嘴有白毛圈如雞上喙長而曲如錐其末極利獲魚

則以上啄穿其肉而銛之齒如刀足如鳧沒水取魚能數十息不出又純有力眞魚之鷹也夜則宿於絶壁伏卵於人跡不到之地味甘而微羶全身多膏○小者頭稍小嘴益尖頰無白毛圈攫魚之鷙勇少遜於大者○晴案爾雅釋鳥鶿鷧郭注云鸕鷀也正字通云俗呼慈老本艸綱目一名水老鴉李時珍云似鶂而小色黑亦如鴉而長喙微曲善沒水取魚杜甫詩家家養烏鬼或謂卽此(其屎曰蜀水花)又或言鸕鷀胎生吐雛寇宗奭明其卵生(並本艸綱目)此云烏知烏明是鸕鷀也

水鸍　與陸產無異而一足似鷹一足似鳧

海鷗　白者形色江海皆全○黃者稍大色白而黃潤○黑者(俗名乞句)背上淡黑夜宿於瀕水石上雞鳴則亦鳴其聲似歌達曙不休天明走于水上

鵲燕(俗名存之樂)　大如鶉狀似燕而尾羽皆短背黑腹白似鵲卵大如雞有時雛產而死能於大海水深處游潛(凡水鳥皆在淺水中)捕蝦而食常接無人島石間未曙而出于海若稍晩則畏鷙鳥終日隱伏其卵可食其肉多膏味甚美

蛤雀(仍俗名)　大如燕背青腹白嘴赤能於大海沒水取魚海人以是鳥之多少驗其漁之豐歉

海獸

膃肭獸 俗名膃獸 玉類狗而身大毛短而硬蒼黑黃白點點成文目似貓尾似驢足亦似狗指駢如鳧爪利如鷹出水則拳而不能伸故不能步其行則卧而輾轉常游於水眠則必在岸上獵者乘其時而捕之其外腎大補陽力其皮可作鞋鞍皮囊之屬○晴窓本草膃肭一名骨納一名海狗其臍一名海狗腎寇宗奭云其狀非狗非獸亦非魚也但前脚似獸而尾即魚也腹脇下全白色身有短密淡青白毛毛上有深青黑點皮厚韌如牛皮邊將多取以飾鞍韉即是也我國稱海豹以其皮有斑如豹也甄權云膃肭臍是新羅國海內狗外腎也連而取之唐書新羅傳云開元中獻果下馬魚牙紬海豹皮三國史新羅本紀亦載是事即顧况之從兄使新羅詩亦云水豹橫吹浪皆可據也然我國之人或指為水牛此誤甚矣

海草

海藻 俗名秼 長二三丈莖大如筋莖生枝枝生條條又生無數細條條末生葉千絲萬縷婀娜纖弱拔其根而倒挂則恰是千絛之楊柳也潮至則隨波流動似舞似醉潮退則離披偃仆狼藉紛亂而色黑有三種條之末有物

如小麥而中空者曰其㢙藻其如菉豆而中空者曰高動藻此二藻可茹可羹其莖稍剛葉稍大色稍紫絛末之物如大豆而中空者曰大陽藻不可食十月生於宿根六七月衰落採而乾之糞於麥田性皆甚冷籍以為生久而愈寒○凡海藻皆托根於石而其所托皆有層次不可相亂潮退而視帶帶成列此物在最下帶○晴案本草海藻一名蕁一名落首一名海羅陶弘景云黑色如亂髮孫思邈云凡天下極冷無過藻菜即是也但陳藏器云大葉藻生深海中新羅國葉如水藻而大海人以繩繫腰沒水取之正月以後有大魚傷人不可取則大葉藻是我國之産然今所未聞也

海帶 俗名甘藿 長一丈許一根生葉其根中立一幹而幹出兩翼其翼內緊外緩襞積如印篆其葉似紬正二月根生六七月採乾根味甘葉味淡治産婦諸病無踰於此其生于海藻同帶○晴案本艸綱目海帶似海藻而粗柔韌而長主催生治婦人病即是也

假海帶 俗名甘藿阿子比 甚脆薄作羹甚滑

黑帶草 其一黑如海帶其一赤色皆植根甚微根 俱無餘肢如黑繒帶長數尺○其一長二三丈如絛帶色黑其生皆與海藻同帶間處未聞

赤髮草　託石而生根生榦榦生枝枝又生條色赤千絲
萬縷如今俗馬飾之象毛其生與海藻同帶用處未聞
地驄仍俗名　長八九尺一根一莖莖細如線而有麤毛每莖
傅短毛八九上下密附無餘地每潮退而望之一帶叢
攢鬅鬙委靡恰如馬鬣色黃黑生在海藻之上層用糞
麥田
土衣菜仍俗名　長八九尺一根一莖莖大如繩葉似金銀花
之蓓蕾本細末豐其端又尖而中空生與地驄同帶味
淡而清可茹
海苔　有根著石而無枝條彌布石上色青〇晴案本草

有乾苔李時珍引張勃吳錄云紅薤生海水中正青似
亂髮皆海苔也
海秋苔　葉大如萵苣而邊界皺蹙味薄嚼則豊包滿口
五六月始生八九月始衰故名秋苔生在地驄上層
麥苔　葉甚長而邊寬縐蹙似秋苔三四月始生五六月
長盛故名與秋苔同帶
常思苔　葉長過尺而狹如韭葉薄如竹箰明瑩滑澤色
淡青味甘美為苔中第一二月始生四月衰其生在麥
苔之上層
羮苔　葉團圓似花而邊界皺蹙軟而滑宜於羮故名與

常思苔同時生其帶亦同

莓山苔　細於蠶絲密於牛毛長數尺色青黑作羹則柔滑而混合莫可分離味甚甘而香其生稍早於羹苔帶在紫菜之上

信經苔　略似莓山而稍麤稍短體稍澀味薄其帶其時與莓山仝

赤苔　狀類馬毛而稍長色赤體稍澀味薄生之時與常思苔同其帶在苔類之最上亦有青者

菹苔　狀類麥苔始生於冬初産於石窪潮退不涸之地此其別也

甘苔　似莓山而稍麤長數尺味甘始生於冬初長於鹵泥之地　已上諸種苔皆附石而生布在石上而色青也

紫菜 俗名朕　有根著石而無枝條彌布石上紫黑色味甘美○晴案本艸紫菜一名紫英生海中附石正青色取而乾之則紫色是也

葉紫菜 俗名立朕　長廣似麥門冬葉而薄如竹莩明瑩滑澤始生於二月帶在常思苔之上層

假紫菜　與羹苔同但産於亂石而不産於石壁

細紫菜　長尺許而狹細如髮鐵不産於潮退之地而産

於止水亂石味薄而易敗
早紫菜（俗名乻朕）即葉紫菜之類而其生在九十月帶在葉紫
菜之上
晩紫菜（俗名勿閒朕）状同葉紫菜而生於土衣菜之間性易敗
晒曝稍遲色渝而赤味亦薄○已上諸紫菜修治之法
淘洗而醳去水厚布於雀箔而晒乾者俗謂之秋紫菜
言移秋時所需也獨早紫菜作四方木匡藉以箔沈水
作片如造紙俗謂之海衣其海苔修治之法亦同○晴
案李時珍云紫菜閩越海邊悉有之大葉而薄彼人挼
成餅状晒乾貨之此今俗之海衣也

石寄生（俗名手音北）大三四寸根生多幹幹又岐而為枝為葉
始生皆匾廣既壯匾者圓而若中空體着以寄生色黄
黒味淡可羹生在紫菜之上層
騣加菜（俗名騣加士里）大七八寸根生四五葉葉末或岐或否状
類金銀花之蓓蕾中空柔滑可羹帶在石寄生之上
蟜加菜（俗名蟜伊加士里）根條岐生類石寄生而皆纖細澀澀有
聲色赤晒曝日久則變黄甚粘滑用之為糊無異麪末
帶与騣加菜同日本人乳買騣加菜及此物商船四出
或言用糊於布帛○晴案李時珍云鹿角菜生海中石
厓間長三四寸大如鐵線分丫如鹿角状紫黄色以水

久浸則化如膠狀女人用以梳髮粘而不亂南越志云
候葵一名鹿角此云騣加蜡加二物是鹿角菜也
鳥足草(仍俗名) 即石寄生之類而幹枝瘦瘠產於海帶之下
層水淺處
海凍草(俗名牛毛草) 狀類蜡加草但體匾而枝間有葉極細色
紫為異即夏月煮以成膏酥凝澄滑可啖者也
蔓毛草(俗名那出牛毛草) 細如人髮枝條糾纏鬅鬙攪亂以鉤句
出則混合成塊亦以作膏不能堅凝如產石者也紫生
於綠條帶之間不著於地依草而生
假海凍草 狀類牛毛而益麤益長叢生石上袞於牛毛
色黃黑又有一種稍長或有一尺者生於紫菜之間雜
於紫菜
綠條帶(俗名萛叱) 其根如竹根生一莖莖有節寒氣始至節生
二葉廣八九分本末平正至春始衰葉秋衰落次節又
生葉年年如是至於葉齊水面而止及至年久莖成一
條如條帶而稍匾下不豐上不殺節不腫方其欲葉也
末節豐大者尺許其上生葉如菖蒲莖在中間近末有
穗實如稻米莖色青白葉色青綠俱鮮潤可愛其長無
定隨水淺深產於沙泥相雜之地葉間之莖味甘每風
浪敗葉漂至于岸以糞田燒之取灰用海水淋漉亦可

作鹽其葉枯敗卽成一條白紙鮮潔可愛余意和楮及
楮作紙則似好但未試耳

短綠帶 俗名綦眞吃 似綠條而無莖其或有莖細如布縷長不
過尺許葉梢狹而硬無實産於淺水

石條帶 俗名古眞吃 葉細如韭長四五尺無實産於海帶之間
乾而編之柔韌可蓋屋

青角菜 根幹枝條頗似土衣草而圓性滑色青黑味淡
可以助葅之味五六月生八九月成

假珊瑚 狀如枯木有枝有條皆杈枒頭折體似石叩之
琤然有聲而其實則脆彈指可碎擁腫卷曲奇古可玩
皮色眞紅其裏白生於海水最深處時或挂釣而上

茲山魚譜(개정증보판)

초판 제 1쇄 발행 1977. 6. 15.
초판 제13쇄 발행 2021. 1. 15.

지은이 丁 若 銓
옮긴이 鄭 文 基
펴낸이 김 경 희
펴낸곳 (주)지식산업사
본사 ◉ 10881, 경기도 파주시 광인사길 53(문발동 520-12)
전화 (031) 955-4226~7 팩스 (031) 955-4228
서울사무소 ◉ 03044, 서울시 종로구 자하문로6길 18-7(통의동 35-18)
전화 (02) 734-1978 팩스 (02) 720-7900
한글문패 지식산업사
영문문패 www.jisik.co.kr
전자우편 jsp@jisik.co.kr
등록번호 1-363
등록날짜 1969. 5. 8.

책값 12,000원

ISBN 89-423-8900-7 03490

이 책에 대한 문의는
지식산업사로 연락해 주시길 바랍니다.